GROUNDSCAPE

GROUNDSCAPE
篠原修の風景デザイン

東京大学景観研究室編

鹿島出版会

はじめに
風景という思想を編む

　「グラウンドスケープ」とは、篠原修とともに東京大学で景観研究室を主宰する、内藤廣による造語である。大地を表すgroundに風景を表す-scapeをあわせ、文字通り大地の一部となって風景を形成する土木の価値と、そのような土木のありようを目指すわれわれのデザインへの意志を込めたものである。

　この言葉は2003年5月、篠原が関わった土木デザインの主な仕事を紹介する『GROUNDSCAPE——篠原修とエンジニア・アーキテクトたちの軌跡』展を開催したときに生まれた。この展覧会で展示した9つの巨大なコルク模型の制作にあたったのは、全国から集まった140人もの学生たちであったが、彼らに漲る力強いエネルギーに、主催した私たちは心地よい驚きを禁じえなかった。いま思えば、模型とはいえ大地をつくる、風景をつくるという行為に、若々しい志をかきたてるものがあるのだろう。

　以来、「グラウンドスケープ展を見て」土木のデザインや風景デザインに惹かれたという学生が、研究室を訪れるようになった。そして彼らに出会うにつけ、次は篠原の仕事をまとめた土木デザイン集を出版したいという思いが、ふつふつと湧いてきた。海外では、J.シュライヒやS.カラトラバなどの構造デザイン（主に橋梁）の作品集を書店で手にすることができるが、日本では、個人の仕事として編まれた土木デザイン集は存在しない。いや、河川や都市空間、場合によっては建物をも含む広範囲の土木デザインを一個人の仕事として編集した本は、世界中探しても見当たらない。「自分もこんな仕事をやりたい」と学生が思うような、あるいは若い実務者が参照し、批判して、自己研鑽に役立てられるような、そういう一冊がほしい。

　篠原のデザイン集を編みたいと考えた理由はもうひとつある。今や景観法が成立し（2005年6月完全施行）、さまざまな場所で景観やデザインの議論を耳にするようになったが、篠原がデザインの実践を地道に積み重ねてきた20年間の大半、時流はむしろ逆風であった。景観という価値や土木におけるデザインの重要性は、必ずしも一般に認知されたものとは言えなかった。いまようやく、時代が篠原の歩みを追いかけはじめた、という思いが実感としてある。そしておそらく、一人の人間によって時流の如何を問わず一貫して営まれてきた思想と実践の蓄積こそ、いま世に問う意義がある。篠原のデザイン集は、景観法時代

において、さらにその将来にあって、土木デザインのあるべき姿を真摯に追求し、上すべりではない議論を求める人々のための羅針盤にもなりうるのではないだろうか。

かくして、篠原の主な仕事を編んだデザイン集を出版するというプロジェクトが、2004年の秋に研究室でスタートした。出版時期は、篠原が東京大学を定年退職する2006年の春に定められた。しかし、本づくりのコンセプトは難航した。なにしろ、参考にすべき前例がない。手探り状態のなかで、幾度も議論が重ねられた。

言うまでもなく、土木デザインという仕事は多くの人々の協力と努力の集積によってはじめて可能である。篠原という一個人の貢献は、作業量に限っていえばそのうちのごく一部にすぎない。個々の構造物の造形や空間の造作は、篠原の創造にすべて帰属するわけではなく、幾多のエンジニアやデザイナー、行政や市民との共同作業の成果である。であれば、むしろ篠原という個人でなければ担うことのできない部分、土木デザインの仕事に風景という思想を吹き込む部分をこそ、本に表現しなければならない。

風景という思想を表現するもっとも重要な媒体は、言うまでもなく写真である。構造物そのものではなく構造物が介在する風景、造形された空間ではなく風景として在る空間、それを印画紙に定着したい。この難しい仕事を、風景写真家の河合隆當さんにお願いした。写真に次いで重要なのは、配置図、一般図、詳細図などの図面である。単体としてではなく、大地や環境の一部として風景を形成する土木のありようを表現したかった。これらは、研究室の学生と実務に就いている卒業生数名が分担して、その作図にあたった。そして全体をとりまとめるブックデザインは吉田カツヨさんに託した。

編集意図が成就しているか否かは、この本を手にした方々にご判断いただきたいが、少なくとも風景をつくる仕事としての土木デザイン集を、初めて世に問うことができたという思いはある。上記の諸氏、それから本書の出版に共感と理解をもって尽力いただいた鹿島出版会の川嶋勝氏に、深く感謝したい。また、本書の編集に浄財をもって応援してくださった多くの研究室OBにも、この場を借りて心より感謝申し上げたい。

本書によって、一人でも多くの若い人たちが風景をつくるという仕事に共感し、このやりがいのある分野をめざしてくれるのならば、このうえない喜びである。

編者を代表して **中井 祐**

CONTENTS

- 004 ── はじめに──風景という思想を編む

- 008 ── 篠原修の居る風景
  内藤 廣

- 017 ── **7つの風景デザイン**
  写真：河合隆當／解説：中井 祐

  - 018 ── ［苫田ダム］
    湖水とダムのトータリティ
  - 030 ── ［津和野川］
    まちと川をつなぐ
  - 044 ── ［朧大橋］
    原風景としての橋の造形
  - 056 ── ［勝山橋／勝山市中心市街地］
    急流に伏せるアーチと水のある生活景
  - 072 ── ［桑名・住吉入江］
    水都の記憶を甦生する
  - 084 ── ［油津・堀川運河］
    歴史遺産を現代の水辺に
  - 092 ── ［宿毛・河戸堰／松田川河川公園］
    旧堰と河畔林を生かす河川空間の造形

  - 042 ── 津和野──故郷になりつつある川
  - 068 ── 10年やって、やっとわかったこと──デザインの近代主義と市民の要求
  - 104 ── コラボレーション・デザインの軌跡
    篠原 修

- 108 ── 風景への意志
  中井 祐

- 122 ── 風景創出の僚友、建築家諸氏へ
  篠原 修

- 128 ── プロジェクト所在地
- 130 ── 篠原修年譜1945－2006
  福井恒明
- 143 ── 年譜解説：篠原の中の少年
  福井恒明
- 146 ── あとがき
- 149 ── 著者略歴
- 150 ── クレジット

篠原修の居る風景
内藤 廣

　わたしにとっては当たり前のような風景、本郷に篠原修が居る風景が過ぎ去っていこうとしている。ショートリリーフとはいえ、バトンを渡される身としては万感胸に迫る思いがある。

　おしなべて人生は思ったようにはならない。人は人によって導かれ、人によって活かされる。だから思わぬ展開をする。わたしはこれまで、人生の岐路に立った時、その都度決定的な人に出会ってきた。篠原さんは、その決定的な人のひとりだった。

　大学へと誘いを受けた頃、建築家として、物づくりとして、密かに思い悩んでいた。あの頃、知らずに岐路に立っていたに違いない。精も根も使い果たすような命懸けの仕事の仕方には限界があった。確立しつつあったわたしなりの設計の内容や手法にも息苦しいものを感じていた。事務所を閉め、すべてを捨てて旅にでも出よう、そのうえで自分自身を徹底的に見つめ直そう。そんなことを真剣に考えていた。篠原さんは勘がいい。わたしの心を見透かしたかのように誘いを掛けた。思いもよらぬ意外な申し入れを聞いたのは、たしか宮崎から羽田へと向かう飛行機の中だったと思う。とんでもないことをとんでもない時に言い出す人だな、と思ったのを憶えている。しかし、絶妙ではある。一旦すべてをゼロにすることも考えていたのだから、何も惜しくはない。しかし、使える人生の時間は限られている。自分のために使うか誰かのために使うかには大きな差がある。

　それまでの何年か建築学科と土木工学科の両方で非常勤講師をしていた東京大学に正式に勤めるようになったのは、2001年の春のことだ。東京大学は母校ではなく、また、建築という分野違い、それも民間の設計事務所を主宰してきた人間を教師に据えるに際しては、学内的にも分野内的にも紆余曲折があったのだと想像する。一方、篠原さんにしてもつくり上げてきてようやく緒につこうという景観分野の一翼を担う役割を果すことになる人選としては、迷うところも多かったと思う。ずいぶんと思い切った人の動かし方をするものだ、と他人事のように推移を見ていたのを憶えている。なかなかそうはできない。人は人で動くものだ。その思い切りの良さと実行力に惚れ込んで、こちらも最終的に決意をした。

　かくしてわたしは、東京大学という敷居の高い旧家、それも分野違いの土木へと嫁入りすることになった。当然のことながら、篠原さんなりの思惑や都合もあったはずだが、それは些細なこと、要はウマが合ったということだろう。以来、わたしは篠原さんとともに自分探しの旅を続けている気分だ。はたして幸運だったかどうか、この人との出会いが何をもたらすことになるのか、結論はまだ出ていない。しかし、この間の時間が充実していることは確かだ。

9.11

　篠原さんの近くに身をおいてから月日は慌ただしいものだった。この間、いくつもの事態が発生し、周囲の環境は大きく変わった。

　そろそろ新しい職場にも慣れはじめた頃、忘れもしない9.11が勃発する。世界に激震が走った。もっとも、世界に遍在する悲惨さはこの時にはじまったわけではない。至るところに綻びはあったが、どんなに想像力を逞しくしたところでそれは遠くの出来事でしかなかった。しかし、それが文明社会のど真ん中に飛び火したことが衝撃だったのだ。衝撃的な映像が世界中にテレビの画面を通して伝えられた。

　このことについて、篠原さんと議論をすることになると思っていたのだが、意外にも実際にはほとんど話題にならなかった。わたしとしては、篠原さんがどのように考え、どのように受け止めているか知りたかった。しかし、昼食

をとる時などにこちらが話をそれに向けても、話は尻切れ蜻蛉に終わった。この反応は意外だった。わたしの聞き方が悪かったのか、それともまだ気を許していないのか。あの篠原さんが何も考えないはずがない。重い事柄には軽々に発言しない人なのかも知れない。この種のことには慎重だ。用心深い。自分からは発言せずに、周りの人の言うことを聞いているふうがある。あの時、心の奥底に何かを仕舞い込んだように見えた。

　われわれが相手にしているのは、美しさや快適さといった細やかな日常の感覚だ。一見、世界の悲惨さや劇的な出来事とは無関係に見える。しかし、あの事件は、風景や景観の根幹を揺るがすものであったと思っている。風景や景観は、山や川や街などといった物理的なもので構成される。しかし、それらの像が焦点を結ぶのは人の心の中だ。人の心が変われば風景も見え方が変わる。景観の有り様も変わる。悲しい時に感情移入する対象としての風景とそうでない時の風景の意味合いがまったく違うように、風景や景観は印画紙である人の心の有り様によって、大きく見え方が変わる。誰もが無意識の内に受け入れる微妙な差異、それが時代の変化だとすれば、まさしくあの時に何かがズレはじめたに違いない。そのズレは、やがてわれわれの日常風景にも大きな変化を促すはずだ。

　危ない話ではある。美しさは諸刃の剣だ。歪んだナショナリズムに風景や景観が巻き込まれる可能性もないわけではない。社会的に影響力の大きい東大教授としては、何らかの意見表明はあの時点では難しかったのだろう。篠原さんが心の奥底に仕舞い込んだ思いが、どのような言葉や行動となって放たれるのかを見極めたい。

グラウンドスケープ展

　着任した時、大学に居る間に何か目標を持って大きなことを3つぐらいはやろうと心に決めていた。そのうちのひとつが、篠原さんがやってきた仕事を俯瞰するような展覧会を立ち上げ、土木分野内外に向けて世論喚起をすることだった。

　実際に勤めてみて、篠原さんを中心とした土木のデザインはこれだけのことをやっているのに、世の中からは一向に理解が得られていない、という口惜しさがあった。社会の無理解を子供のように嘆いていても仕方がない。公共事業がほとんどだから、これまでは世論を味方につける必要がなかった。その結果、広く一般に理解してもらうための知恵と努力が欠けていたのだ。デザインは相互理解の延長上にある。コミュニケーションの手段なのだ。やれることは多いはずだ。

　篠原修という自称土木設計家がつくり出す情況、これに輪郭を与えること、この回路を使って訴えること、それが社会的に必要な時期が来ていると考えた。しかし、仮に篠原さん自身がそう感じていたとしても、自分では言い出しにくいはずだ。これは傍らに居る人間の仕事だと考え、迷わず行動に出ることにした。

　篠原さんにとっては複雑な思いもあったはずだ。根っからのリベラリストだから、でき上がったもの、でき上がりつつあるものは自分ひとりの成果によるものではない、と固く信じているに違いない。ヒロイックに個人が前面に立って展示をすることには、当然のことながらかなりの躊躇があったはずだ。土木分野としては初めてともいえる大規模な展覧会を立ち上げるに際して、金銭面、労働力、会場など、越えねばならないさまざまなハードルが予想されたが、一番のハードルは篠原さん個人だった。わたしとしても、さまざまな批判が巻き起こるであろうことは承知していた。その矢面に篠原さんを晒すことになるのにはためらいもあった。

グラウンドスケープ展の模型制作の学生たちと

しかし、何もしなければ何も変わらないのだ。直観が働いた時は、多少理屈に合わなくても行動に移すのが、わたしの中で培われた在野の精神だ。思い切ってやってみて、間違ったら頭を下げて反省すればよい。ただ、あの時あれをやっておけばよかった、などと湿った愚痴をこぼすような生き方だけはしたくない。

展覧会を立ち上げる時、珍しく逡巡する篠原さんに言ったことがある。あなたは時代の人身御供になるしかない、その役割を引き受けられるのはパイオニアしかいないのだから、と。一瞬、寂しいような嬉しいような目になったのを覚えている。僕が泥をかぶりますから、という言葉をつけ加えて展覧会の了承を取りつけた。

景観や風景といったものは、茫洋としていて目に見えるような量的な成果は現れにくい。あくまでも質的要素の追求であって、本来分かりにくい部分を担っている。何かのフィルターを通さなければ、一般には認知されない。篠原修は、まぎれもなくこの分野のパイオニアのひとりであり、その成功も批判も引き受ける立場にある。このフィルターを通さなければ、景観分野は一般の人からはなかなか認知されない。内輪の勉強会か同好会で終わってしまう。それでは世の中の変化に遅れをとる。すでに身の回りの風景は、壊れ果ててしまっているではないか。自分が加わった以上は、少しでも実のあるものにしたいという思いもあった。

若者たち

かくして展覧会の企画は動きはじめた。目論見としては、当初から若い世代のエネルギーを結集することをイメージした。面倒臭いことはわたしや年長者が引き受ける。若い世代が篠原さんのかかわったプロジェクトを通して、何をつかみ取ることができるのか、ということだけを考えた。展示に参加する学生たち、それを見にくる若者たち、そこに渦巻くエネルギーを展覧会の土台にしたかった。

土木の仕事はスケールが大きいだけに10年単位の時間がかかる。時には何十年というプロジェクトも珍しくない。だから、基本的に篠原さんのエッセンスを受け渡す相手は若い世代だ。篠原さんだってそれを望むはずだ、と勝手に判断して、当時はまだ助手であった篠原さんの愛弟子である中井祐と走り回った。中村良夫先生に旗頭をお願いし、幸先のよい快諾を得たところから企画が滑り出した。世情厳しい中、多くの方たち、多くの企業が、篠原さんの展覧会ならと賛意を示してくださった。

初めての試みなのだから、必ず成功させねばならない。そのためにはある種の無謀さも必要だ。篠原さんの関わった9つのプロジェクトの模型を地形ごとつくることにした。巨大な模型が展示会場に並ぶことになる。それをつくり上げるための膨大な労働力が必要だ。われわれの呼び掛けに全国から若者たちが集まった。土木・都市・建築・ID、分野の垣根を超えた若者たち総勢140名余り、2ヵ所の制作場所に分かれて常時20名ほどの学生が昼夜を問わず半年間、模型をつくり続けた。地形模型と格闘する若者たちの熱気は異様なものだった。この盛り上がりを、少し距離を置いたところから篠原さんは微笑ましく見てくれていた。若者たちが自分の関わったプロジェクトを通して何かを掴みつつあることを感じないはずはない。

2003年5月、東京・青山の目抜き通りに面した会場は巨大な模型で埋め尽くされた。オープニングパーティは人であふれ、1ヵ月の会期中の来場者は4,000人を超えた。役所の人、土木・都市・建築・IDの専門家たち、学生、そして通りがかりの人、アベック、会場にはさまざまな人の姿があった。ネームバリューのある建築家やアーティストの展覧会でも3,000人がいいところだろう。この種の展覧会としては大成功だった。

美しい国づくりへ

　展覧会が終わってからしばらくして、国土交通省が「美しい国づくり政策大綱」を発表した。次官であった青山俊樹さんが悪戦苦闘の末に取りまとめたものだ。これまでの政策の方向を見直し、自省するところから再出発するという勇気ある宣言だった。この間の経緯は、青山さんとつながりのあった篠原さんからおおよそのところは聞いていた。どうなることかと思っていたが、力技的に発表に至った。ここで大きく時代の潮目が変わった。しかし、世の中はまだ大真面目にこの大綱をとらえていなかったと思う。誰もが掛け声だけで終わるだろうと高を括っていたはずだ。

　しかし、類い稀な戦略家である篠原さんはそうは思っていなかったようだ。大綱で旗印が明確になったこの流れを確実なものにするためには、人材の育成と優れた実例が必要であることを強調しはじめた。展覧会で多くの若者に接し、そのエネルギーを感じ取ったこと、また会場を訪れる人たちの関心の持ち方から、ある種の確信を得たのではないかと思う。

　篠原さんと語らううちに、塾をやってみよう、ということになった。展覧会で火がついた若者たちの中で起きている流れを加速させたい。それには学内だけの動きでは足りない。明治維新だって長州の小さな塾からはじまったのだ。何ものにも縛られない塾のような場所で、自由闊達に志のある若者に直接語りかけよう、ということになった。ひろく全国から分野を越えて志のある若者を募り、夏場に1週間のワークショップをやることになった。予想外に多くの希望者が集まったが、残念なことに場所の都合から40名弱に選別せざるをえなかった。午前中は各界の第一人者の講義、午後は演習というプログラムだった。これも大変な熱気に包まれたまま終了した。展覧会もそうだったのだが、この塾の最大の成果は若者たちの間にネットワークが生まれたことだ。この活動は、しばらくは続けていくことになるはずだ。

　大綱を追うように2004年の6月、景観法が現実のものとなった。役所は優秀な人材が集まったシンクタンクのようなものだ。何事にも焦れったくなるほど慎重だが、一旦行動に移せば民間より動きが早い。鮮やかなものだ。慌てたのは、各分野の学会や団体だろう。要望書や意見書を出したり、シンポジウムを開いたり、それまで誰も見向きもしなかった風景や景観について急速に関心が高まった。今や風景や景観に関するシンポジウムが大流行りだ。世の中は不思議な仕組みで成り立っている。事態がここに至るといろいろな人が出てくる。実は昔から景観のことを考えていたんだよ、という機を見るに敏な浅はかな知識人も現れてくる。先見性をもって警鐘を鳴らし、生みの苦しみを味わってきたのは、篠原さんをはじめとしたごく少数のパイオニアであったことを忘れてはならない。

　そもそも、美しさが法律で語られること自体が異様なことだ。在野の人間、とりわけ都市や建築関係の専門家たちは、国が法律をつくらざるをえない状態にまで現実社会を放置したことを恥とせねばならない。大綱がそうであったように、自戒と自責の念からはじめるべきだ。そうでなければ世の中は信用しない。とりわけ若者たちは、目の前の現実をつくり上げた大人や年輩者の言うことを決して信用しないだろう。何にせよ、大綱と景観法の成立によって、社会は時代の軛(くびき)を跨いだ。後戻りはできまい。

街づくり

　時代の変わり目にあって、多くの地方都市が喘いでいる。その苦しみは尋常なものではない。少子高齢化、財政危機、市町村合併、中心市街地の没落、山林の荒廃、食料自給率の低下。高度成長期につくり上げたモデルが、ことごとく

破綻しはじめている。首都圏の都市再生でお祭り騒ぎをするのも結構だが、地方の在り方こそが21世紀の国の姿形を決めることを忘れてはならない。中央官庁で起きている構造変革のうねりは、いわば参謀本部での戦略的変更だ。それも重要なことだが、最後は地上戦を制しなければ何の意味もない。地上戦とは、街づくりのことだ。こちらは、スパッと鮮やかにはいかない。地道な積み上げ、細かな問題解決をドロドロになってやっていくしかない。

街づくりについて、篠原さんが常々言っているのはコラボレーションという言葉だ。地上戦を制するには、経験豊富な腕っ節の強い戦士がまとまった戦力になることが必要だ。土木・建築・都市・IDの専門家が、バラバラに戦っていても勝ち目はない。それぞれ持ち場の知識を土台に、相互理解を前提にひとつの方向を向いて協力するべきだ。篠原さんが言う趣旨は分かるが、誤解も生じやすい。とかく、異分野が協力し合いさえすればよい、と思われがちだ。コラボレーションという平和な言葉にはそのニュアンスがある。基本的に性善説を前提にしていて、生々しい現実を相手にする理念にはならない。弱いもの同士が集まってもろくなことはない。それぞれ信念があり、ひとりでもやっていけるような強い個人が集まり、協力し合うことで、初めて大きな力になる。篠原さんの本音はこのあたりだろう。篠原さんは、今の状況を覆したいと思っているし、戦いたいと思っているからだ。

現在、篠原さんとわたしが何らかのかたちで関わっている街を数えると、全国で20近くもある。旭川、札幌、勝山、片山津、山代、青梅、桑名、鳥羽、津和野、倉敷、広島、高知、松山、日向、油津、長崎、それ以外にもいくつかある。多くは、橋、川、鉄道施設といったプロジェクトがきっかけではじまるのだが、土木のプロジェクトは時間がかかる。10年や20年かかるのは普通のことだ。その間、こちらの認識も深まってくる。そうすると、自ずと街全体をどうするのか、というところまで踏み込まざるをえなくなる。そこで、最終的に篠原さんの知見と経験に救いの術を求めることになる。

その場しのぎの施策ではなく街づくりの本論をやるには、土木の知見が不可欠であることを世の中は分かりはじめている。今や景観研究室は、策に困っている地方都市の駆け込み寺の様相を呈している。しかし、特別な処方箋や特効薬が篠原さんの頭の中や研究室の棚の中にあるわけではない。街にはそれぞれ固有の歴史があり事情がある。それを理解し、解きほぐし、不具合な現行制度との谷間を埋め、それと同時に住民の意識を高める、といった月並みな手法を戦略的に組み上げるしか方法はない。なにせ50年これで良いと思ってやってきたことの方向転換なのだから、未来への新たな道筋を見つけることは容易ではない。対処の仕方も一つひとつ違う。胆力もいる。

問題が困難であればあるほど、複雑であればあるほど、人を引き寄せ、まとめ上げる総合的な力が必要だ。求められているのは篠原さんの人間力だろう。国や自治体の制度に通じ、人脈に通じ、それでいて巷の人の心情にも通じている人は極めて少ない。なおかつ、強い意志をもって関係者をまとめあげることのできる人は希有だ。だから篠原さんは求められる。

やれること、求められることは山のようにあるのに、手勢には限りがある。篠原さん、わたし、助教授の中井祐、講師の福井恒明（現・国土技術政策総合研究所）をフル稼動させても手に余る。こうしたこともあって、現在、篠原さんの周辺で起きてきていることを運動体のようなものにしようということになった。プロジェクトを通して出会った仲間に呼び掛け、篠原さんとわたしが当座の代表になってGSデザイン会議というのを立ち上げた。GSとはグラウ

ンドスケープのこと。大地と格闘することをイメージして、篠原さんの展覧会に付けたタイトルだ。知らぬ間に若者たちがGSと呼ぶようになった。この活動の参加者は多種多様だ。学識経験者、コンサルタント、技術者、自治体の首長、役人など、街づくりにかかわり、少しでもよいものをつくろうとしている個人の集団だ。立ち上げたばかりの塾も、この運動体の活動の一部とした。すでに多くの賛同者を得つつあるこの運動体は、いずれ大きな輪になっていくだろう。篠原さんとの旅は、まだまだ続きそうだ。

誰の心の中にも在るもの

ちょうどこの原稿の依頼を受けた頃のことだ。車を運転しながら何気なくラジオのスイッチを入れた。はじめは聴くともなく流していたのだが、話が面白かったので引き込まれてしまった。番組ではロックンロールのことが話題になっていた。たぶん篠原さんと同年代だと思うが、小林克也というロックンロールが命のような年輩ディスクジョッキーがインタビューされていて、いかにも面倒臭そうに紋切り型の質問に答えていた。だからロックはスタイルなんかじゃないんだって、というその答えにはいささかいら立ちも混じっていた。若手のアナウンサーが執拗にロックを分類分けし、先輩の意見を聴こうと四苦八苦していた。

小林の言い分はこうだったのではないか。つまり、ロックンロールな精神はどの時代の音楽にも存在しているのだということ、そして誰の心の中にも在るものだ、だから不滅なのだ、ということだったのではないかと思う。想像を逞しくして言えば、ジャズやフォークや演歌、果てはクラシックの中にさえロックの精神は在るのだ、ということではないか。それを分かりやすくカテゴライズしたがる気持ちは分かるけれど、そんなもんじゃないよ、と言いたかったに違いない。わたしは音楽に関しては悪食、何でも聴くが、この感じ方にはまったく賛同する。バッハにだってロックな精神はある。

最後が面白かった。もうここらでバカな質問を打ち切りたいと思ったのだろう、俺はさっきから小便がしたくてたまらないんだけど君の質問に一生懸命答えようとしている、これがロックな魂ってものかもね、と言い放ってインタビューは終わった。

ロックンロールと篠原修論、とても結びつきそうにないふたつの事柄が頭の中で巡りはじめた。篠原さんは、生来のせっかちでありながら他人の話を理解しようと丁寧に対応する。これは努力と忍耐のたまものだが、たいていははじめの1分ぐらいで結論は見えているに違いない。取りあえず耐えながら人の話に耳を傾ける、机の下で貧乏揺すりをし、咳払いをし、煙草を吹かし、さまざまなサインを相手に送りながらだんだん苛立ってくる感じ、そして耐えられなくなって話を打ち切る。その様子をラジオのインタビューに重ね合わせて思い浮かべていた。

小林克也はブラックジョークとして瞬間的に言い放ったのだと思うが、事の本質を外しているわけでもない。小便に行くのを我慢しながら一生懸命人の話に答えようとする。とても他人には分からないような何かが身体の内側に在る。にもかかわらず、コミュニケーションこそが唯一の価値であるという考え方に留まる勇気、それがロックな精神なのだとしたら、それこそは篠原さんの求めるところと重なるはずだ。誰の心の中にも在るもの、いつの時代にも在り続けるもの。それを掘り起こさなくてはならない。誰の心の中にも在る叫びを掬い取ること、それを形として露にすること。

切れ過ぎる刀

篠原さんはわたしより5歳年上。団塊の世代は1947年か

ら49年生まれのことらしいので、篠原さんとわたしは、団塊の世代を挟んで、それを跨いだ世代ということになる。ともかく、今とくらべるとやたらと子供の数が多かった。わたしの頃でさえ、小学校はひとクラス50人、ひと学年8クラスもあった。このあたりはもっとも競争の苛烈な世代だ。まぎれもなく重要な役割を担って、この世代をリードする位置に篠原さんはいる。ともすればこの世代は、過当競争を生き抜くための暑苦しい議論や過剰な情熱が好きだ。しかし、篠原さんはこうしたことからは常に距離を置こうとする。無縁の場所にいるように見える。若い頃に東大闘争に身を投じた経験がそうさせているのかも知れない。状況に巻き込まれることを嫌う。

　無類の酒好きであるにもかかわらず、飲んでもどこか頭の隅に冷静な部分を残すことに忸怩たる思いがあるらしい。自分をとことん晒すことに何かの歯止めがかかっている。寂しがり屋で巷で汗をかく人間が大好きなのに、心の底から人に気を許すことができない不幸を背負っている。側に居て可哀想だと思うことすらある。篠原さんが大好きな夏目漱石もそうだったに違いない。仕方なさや滑稽さも含めて人間を愛しみながら、自分自身はそこからは疎外されていく。卓越した頭脳を持つ近代的知識人の業なのかも知れない。

　とかく篠原修という刀は切れ過ぎる。切れ過ぎる刀は鞘に収めておくしかあるまい。快刀乱麻、いずれ抜き身を見せて闇を切り裂く時もあるかも知れないが、平時は宵闇とともに酒という鞘にストンと収まる。夕暮れ時、いそいそとその日の鞘を求めて本郷の正門を彷徨い出る篠原さんが居る風景。それも過ぎようとしている。

グラウンドスケープ展の会場風景

　　　　　　　見れどもあかぬ風景をつくりたい

恋人達が佇んだ時　その橋や川の水辺がはたして
人間の感情を受け止める舞台になっているだろうか

　　　都市の本質は
　　　　散歩がしたくなる場所を持っていることだと考えている

国土や都市にかかわる人間の最終目的は
やはり美しい風景をつくることである

　　　　　　　　　　　　　　　　　——篠原 修

7つの風景デザイン

苫田ダム

津和野川

朧大橋

勝山橋／勝山市中心市街地

桑名・住吉入江

油津・堀川運河

宿毛・河戸堰／松田川河川公園

湖水とダムのトータリティ
［苫田ダム］

苫田ダム

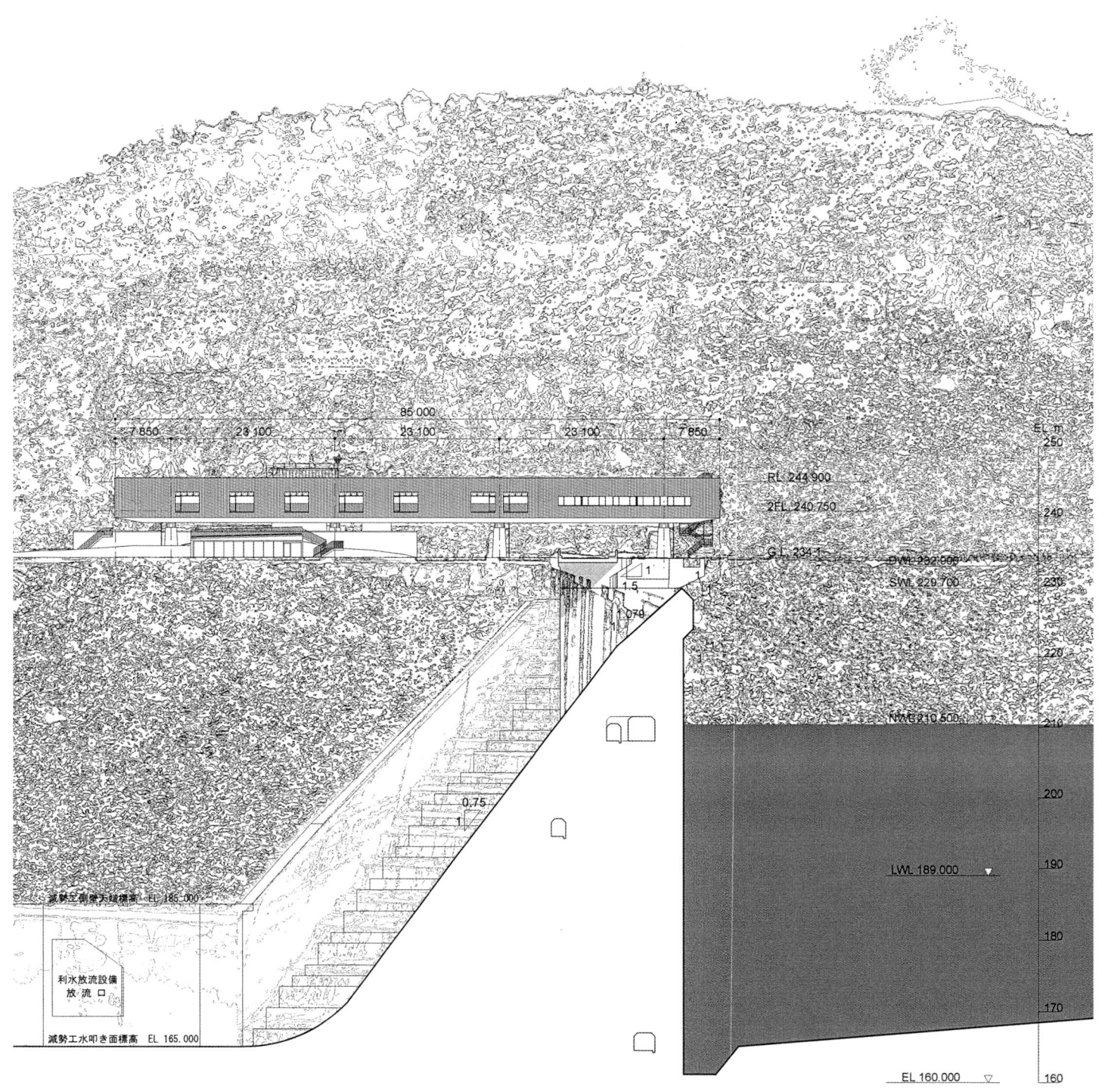

ダム堤体(断面)と管理庁舎　Scale 1/800

ダム堤体と管理庁舎

臨水公園越しに見る久田大橋

管理庁舎

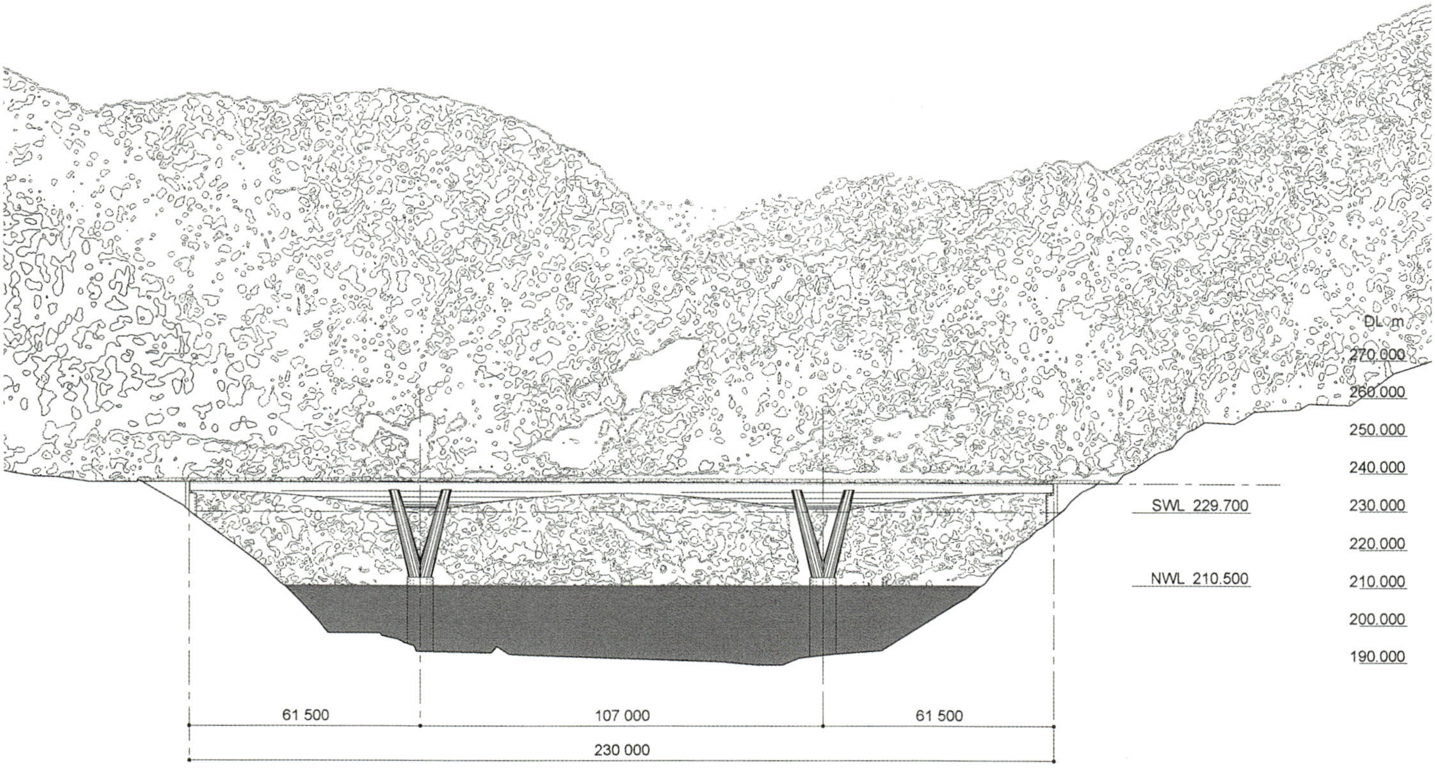

苫田大橋 側面図　Scale 1/1000

ダム堤体正面

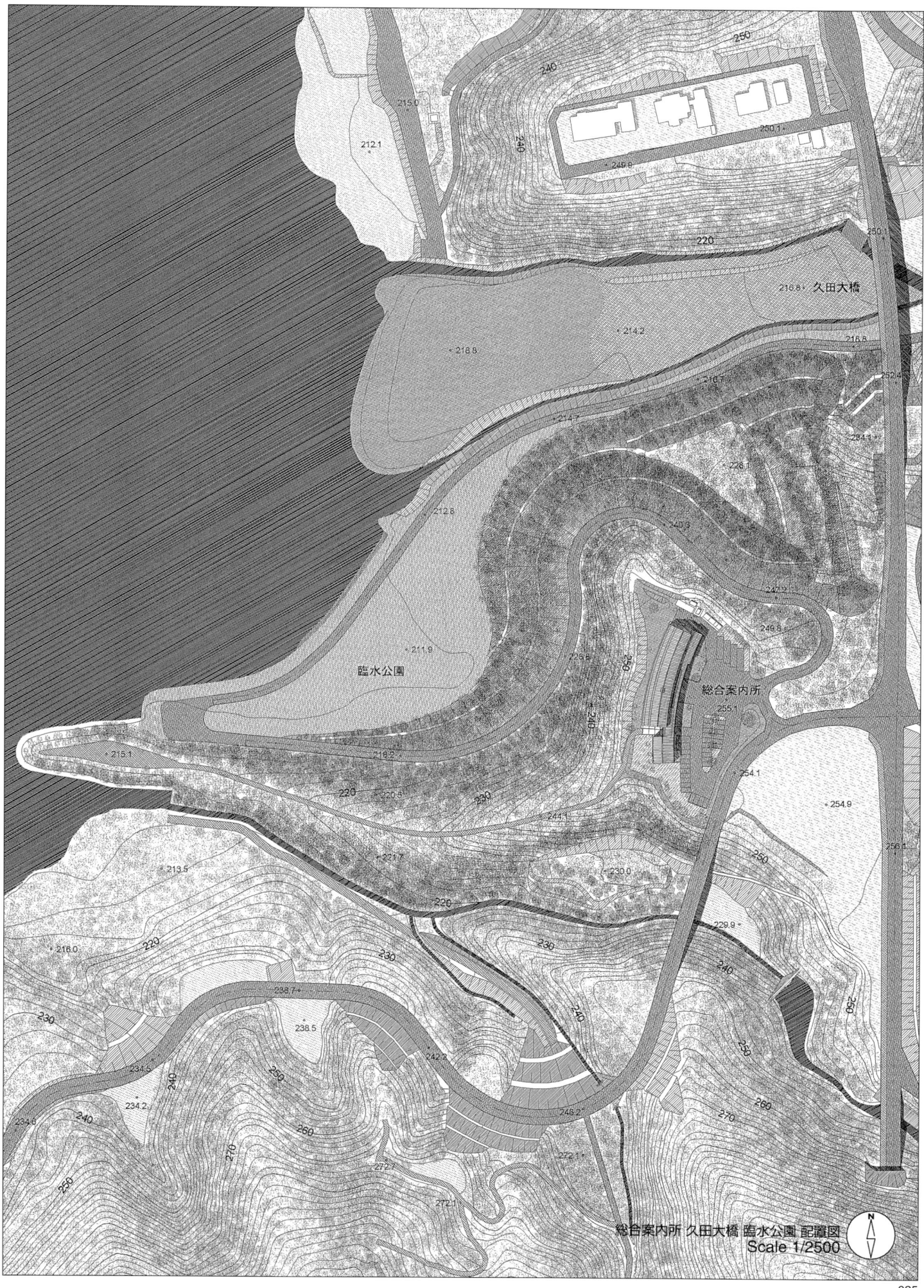

総合案内所 久田大橋 臨水公園 配置図
Scale 1/2500

苫田大橋

施工中の苫田大橋

苫田ダム環境デザイン検討委員会の1コマ

写真提供：高楊裕幸（上）、清水建設（下）

● 湖の風景を創る──苫田ダム

　ダムの建設は、数ある土木事業のなかでも最も総合的で、かつ長期にわたる事業である。計画・設計の対象は、ダム堤体と管理庁舎をはじめ、付替道路とそれに付随するトンネル・橋梁・擁壁などの構造物、さらに水辺の公園や植生等環境の復元までが含まれる。そしてこれらの構造物・施設群は、周囲の山々とともに新たな湖水の風景を形成することになる。

　ダムをデザインする際の難しさは、第一に、事業が長期にわたるため当初の計画・設計コンセプトを完成まで一貫するのが困難であること、第二に、扱う対象が極めて多く、設計主体も多岐にわたるために、構造物や施設相互の設計内容の整合を維持するのが困難であること、である。これまでのダム事業では、新しい湖の風景を創出するという意志と、そのためにはトータルなデザインが必要であるという意識が希薄であった。苫田ダムの場合、施設群のデザイン指針を作成して事業を設計から竣工まで見守る目的で設置された「苫田ダム環境デザイン検討委員会」と、その下で実働を担った「デザイン検討ワーキング」が、上記の諸問題を解決するうえで有効に機能した。

　苫田ダムにおいては、ダム湖の風景に参画するあらゆる構造物が、周囲の山並みや水面を主役と位置づけたうえで、あるものはその引き立て役にまわり、またあるものはそれと対峙するようにデザインされている。たとえば全部で30あまり登場する橋梁の場合、スタンダードなデザインで周囲にとけ込む「地」の橋と、意識的にその存在感を表現する「図」の橋（苫田大橋、久田大橋、浮島橋、箱岩橋、西屋橋、草谷橋）の2種に分けられ、さらに「図」の橋のなかでもダム湖の風景の焦点になるべき苫田大橋には、Ｖ脚ラーメンという特徴的な形が与えられている。また付替道路の線形は、植生復元が困難な切土を減らして、緑化が比較的容易で目立ちにくい盛土（擁壁）区間が増えるように、慎重に検討されている。

　道路橋梁以外でも、ラビリンス型の越流部を有するダム堤体、その傍らに凛として佇む管理棟、テクスチャー処理が特徴的なトンネル坑口、もともとの棚田の地形を生かした水辺公園（箱の杜公園）など、個々の施設や空間のデザインにはそれぞれ工夫が施されているが、すべて湖水と山並みの風景を生かすというコンセプトは一貫している。

事業主体：国土交通省中国地方整備局 苫田ダム工事事務所（現・苫田ダム管理所）
所在地：岡山県苫田郡奥津町（現・鏡野町）
設計指導：苫田ダム環境デザイン検討委員会
　（名合宏之・岡山大学教授、清水国夫・岡山県立大学教授、千葉喬三・岡山大学教授、内藤 廣・東京大学教授、篠原 修・東京大学教授）
設計検討：デザイン検討ワーキング（高楊裕幸、岡田一天、畑山義人）
設計統括：財団法人 ダム水源地環境整備センター

■堤体
　設計：[意匠] プランニングネットワーク（岡田一天）
　　　　[構造] 日本工営
　施工：佐藤工業・鴻池組・アイサワ工業JV
　設計期間：1996～2002年
　施工期間：2001～2005年
　構造：重力式コンクリートダム
　規模：堤頂長225.0m、堤高74.0m

■苫田ダム管理庁舎
　設計：[建築] 内藤 廣＋内藤廣建築設計事務所
　　　　[構造] 空間工学研究所
　　　　[設備] 明野設備研究所
　施工：佐藤工業・吉田組（福島県）JV
　設計期間：2001～2002年
　施工期間：2003～2004年
　構造：RC造（一部PC、中間階免震）
　規模：建築面積約1,400m²、延床面積約2,400m²

■苫田大橋
　設計：[意匠] 大日本コンサルタント（高楊裕幸、友岡秀秋）
　　　　[構造] 大日本コンサルタント
　施工：[上部] オリエンタル建設・日本ピーエスJV
　　　　[下部] 重宗建設、小田組・峰南建設JV
　設計期間：1998～1999年
　施工期間：1999～2003年
　構造：PC5径間連続V脚ラーメン橋
　規模：橋長230.0m、中央支間長107.0m

■久田大橋
　設計：[意匠] 大日本コンサルタント（高楊裕幸）
　　　　[構造] オリエンタルコンサルタンツ
　施工：[上部] 銭高組
　　　　[下部] 苫田振興経常JV
　　　　（福田建設・河中建設・中山土木）
　設計期間：1998年
　施工期間：2000～2003年
　構造：上路RC固定アーチ橋
　規模：橋長188.0m、アーチ支間112.0m

■浮島橋
　設計：[意匠] 大日本コンサルタント（黒島直一、高楊裕幸）
　　　　[構造] 大日本コンサルタント
　施工：守安建設
　設計期間：2002年
　施工期間：2002～2003年
　構造：PC吊床版橋
　規模：橋長73.0m

■箱岩橋
　設計：アジア航測（寺田和己、高橋恵悟、平田典生）
　施工：[上部] 富士ピー・エス
　　　　[下部] 森安建設
　設計期間：1998～1999年
　施工期間：2000～2003年
　構造：PC3径間連続箱桁橋
　規模：橋長118.0m、中央支間50.0m

■西屋橋
　設計：[意匠] 大日本コンサルタント（高楊裕幸）
　　　　[構造] 大日本コンサルタント
　施工：吉井川振興開発経常JV
　設計期間：[詳細] 1996～1997年
　施工期間：1998～2001年
　構造：鋼2径間連続箱桁橋
　規模：橋長127.5m、支間63.15m

■草谷橋
　設計：国際航業
　施工：[上部] 住友建設
　　　　[下部] ナイカイアーキット、KDCA苫田ダム開発
　設計期間：1998～1999年
　施工期間：1999～2001年
　構造：PC2径間連続Tラーメン箱桁橋
　規模：橋長156.0m、支間77.25m

■トンネル坑口
　設計：清水建設 景観デザイングループ（畑山義人、清瀬育代）、八千代エンジニヤリング、ヒロコン
　施工：東亜建設工業（塚谷トンネル）、森村組（矢谷山トンネル）、奥村組（雲井山トンネル）
　設計期間：1993～1996年
　施工期間：1992～1993年（塚谷トンネル）、1996～1998年（矢谷山トンネル）、1994～1997年（雲井山トンネル）

■臨水公園（西谷緑地、箱の杜、奥津湖畔広場）
　基本設計：中井 祐＋eau（崎谷浩一郎、西山健一）
　詳細設計：ウエスコ
　施工：中国防災・東洋工務店JV（西屋地区）、相互建設（箱地区）、井上・峰南JV（B地区）
　設計期間：2003年
　施工期間：2003～2005年

■苫田ダム総合案内所
　事業主体：[案内所棟] 奥津町（現鏡野町）
　　　　　　[公衆便所棟] 国土交通省中国地方整備局 苫田ダム工事事務所（現・苫田ダム管理所）
　基本計画：内藤 廣＋中井 祐＋eau（西山健一）
　基本設計：木村建築設計事務所
　実施設計：木村建築設計事務所
　設計指導：内藤 廣＋中井 祐＋eau（西山健一）
　施工：高橋土木
　構造：木造
　規模：建築面積945.46m²、延床面積945.46m²
　設計期間：2003～2004年
　施工期間：2004～2005年

まちと川をつなぐ
[津和野川]

Site Plan
Scale 1/3000

鯉溜り

落差工付近・流水の表情

落差工

殿町通り

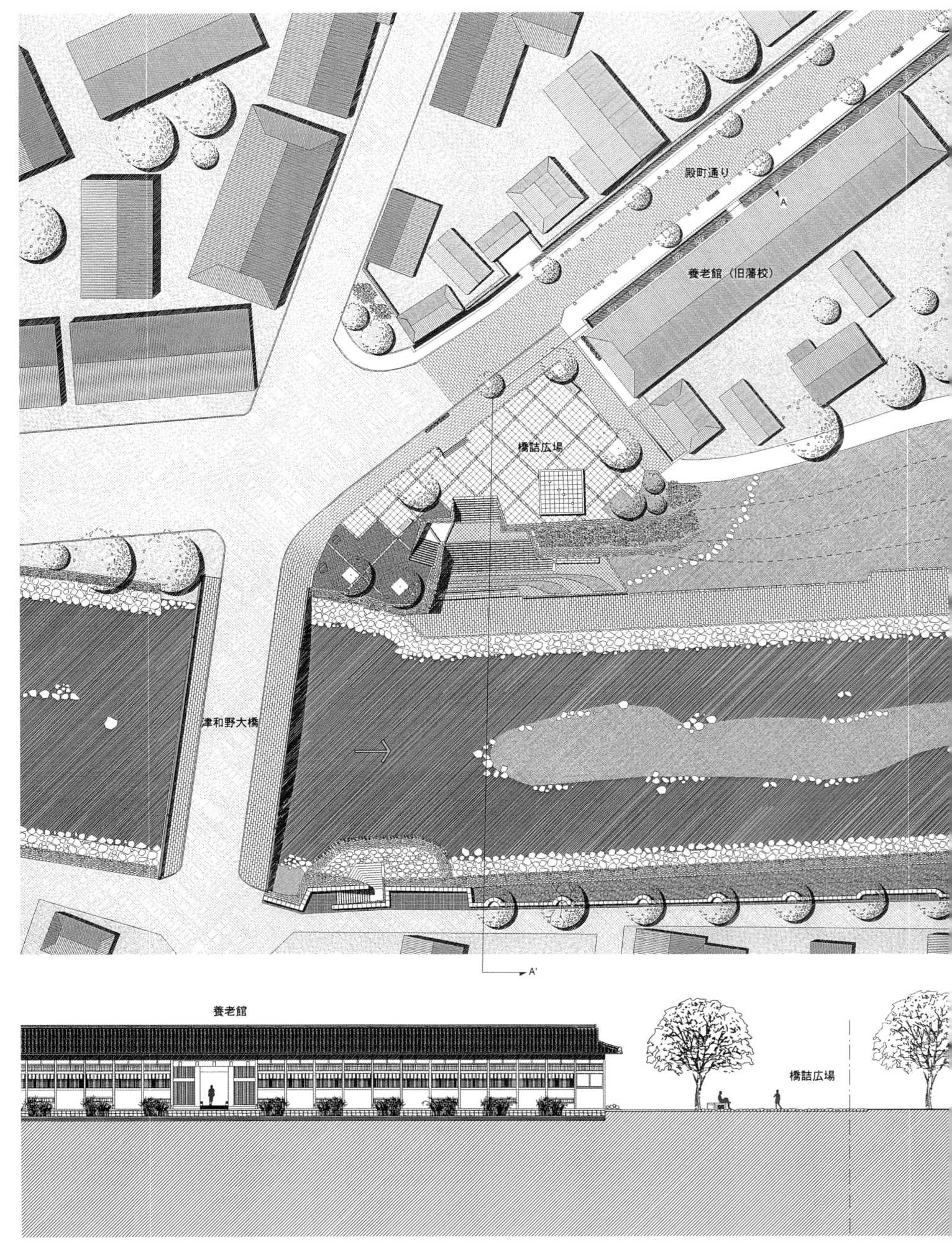

養老館（旧藩校）

橋詰広場

津和野大橋

A'

養老館　　　　　　　　　　　　　　　　　　　　　　　　　橋詰広場

芝生広場

津和野大橋下流部 平面図
Scale 1/600

津和野川

A-A' 断面　Scale 1/300

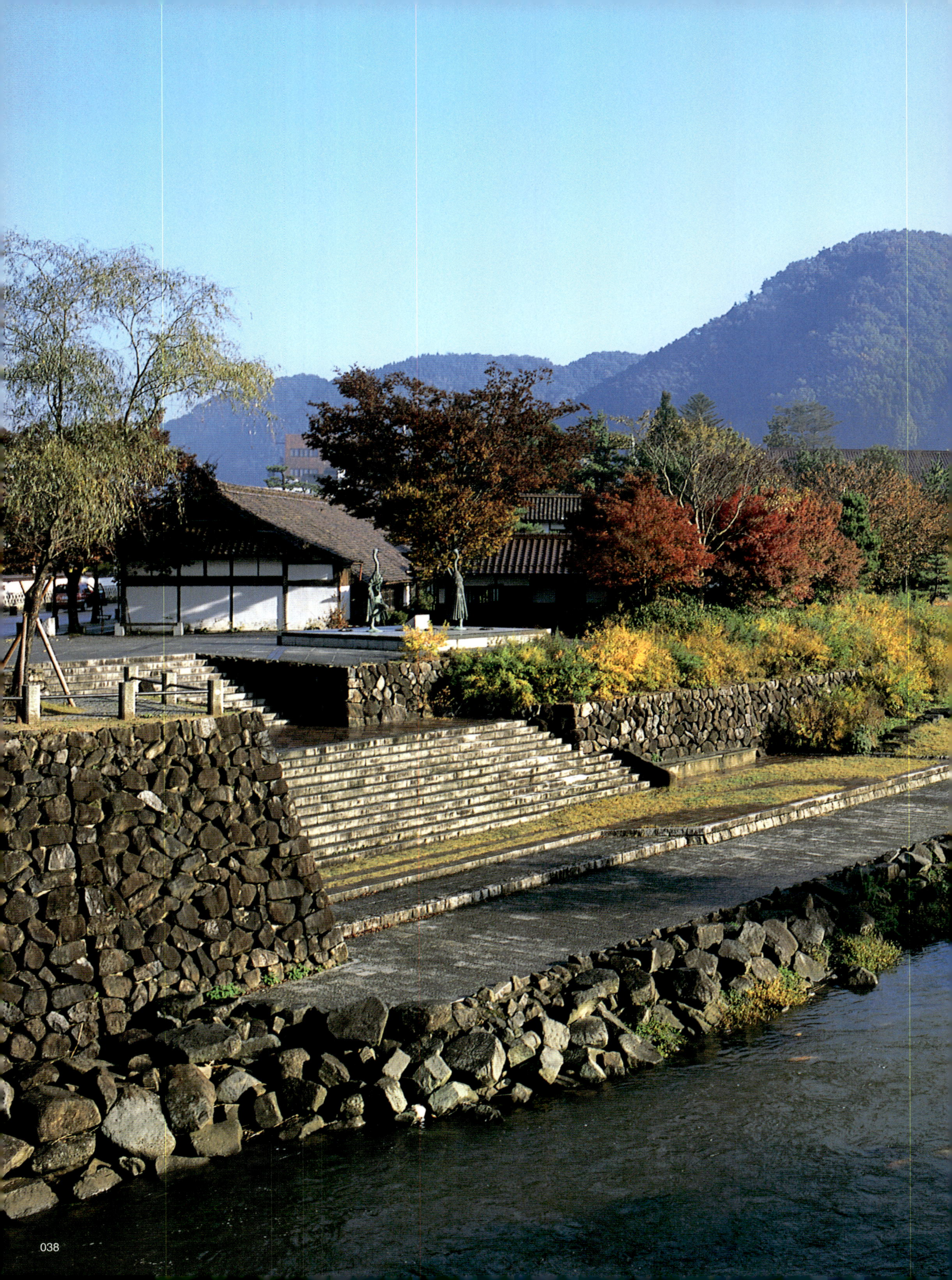

橋詰広場、芝生の広場と水辺のプロムナード

橋詰広場

出会いの広場

● ふるさとの川を再び——津和野川

　津和野川は、山並みに囲まれたこぢんまりとしたスケールの盆地に位置し、それゆえ小京都とも称される津和野町のほぼ中心部を流れている。津和野は江戸や明治の面影をいまだに色濃く残す旧城下町であり、文豪・森鷗外や、明治の思想家・西周を輩出した文化人の町でもある。さらに石州瓦の甍の波が印象的な景観をなし、多くの観光客がその魅力に惹かれて津和野を訪れる。

　津和野川のデザインの課題は、町の裏側になっていた川を表の空間とすること、川と通りを結ぶこと（川と町をつなげること）、さらに川を町を回遊する散歩道の基軸にすることであった。そのために、津和野の目抜き通りであり、もっとも観光客でにぎわう殿町通りと川との接点、津和野大橋の左岸側に橋詰広場を確保し、さらに殿町通りに面する旧藩校の養老館の裏庭を買収して河川区域にとりこみ、ゆるやかなスロープの芝生広場として養老館敷地と川の空間を一体化した。この橋詰広場と芝生広場は、イベントにも利用できる晴れやかな空間として構想されている。広場の舗装や右岸側護岸パラペットの壁には、地場材である石州瓦を仕上げに用いている。

　一方、津和野大橋上流側は、主に地元の人たちの日常的な利用に応える空間として、太鼓谷稲荷前広場や小さな桜の広場、河川敷内に設けられた「出会いの広場」や河原の広場など小さなオープンスペースを点在させ、最上流部には子どもの水遊びと生態系に配慮した落差工を設けている。

　護岸構造はコンクリートを裏込めに用いた自然石練積みであるが、意図的に深目地としてコンクリートを目立たぬようにするとともに、土がたまって草がつきやすいようにしている。引き締まった印象の外観を得るため、勾配は三分とあえてきつめにしている。

　なお、津和野では川の整備が一段落したのち、殿町通りの整備、川沿いの鷗外記念館（宮本忠長設計）、津和野駅近くに安野光雅美術館、上流右岸側に道の駅「なごみの里」など、さらなる施設整備とまちづくりが展開しつつある。

事業主体：島根県 津和野土木事務所（現・益田土木建築事務所 津和野土木事業所）
所在地：島根県津和野町
設計指導：篠原 修
設計：プランニングネットワーク（岡田一天）、大建コンサルタント、出雲グリーン
施工：栗栖組
設計期間：1989〜1996年
施工期間：1989〜2002年
諸元：[護岸] 右岸／自然石積護岸（3分勾配、深目地仕上げ）
　　左岸／水辺テラス付緩勾配芝斜面（2割〜7割勾配）
　　[パラペット] 側面石州瓦小端積み、天端笠石据付自然石積
　　[広場] 橋詰広場／瓦タイル、自然石平板、ケヤキ植栽
　　河畔の桜の広場／自然石平板、サクラ植栽、自然石車止め
　　太鼓谷稲荷前ポケット広場／瓦タイル、自然石平板、緑台ベンチ
　　[落差工] 湾曲平面型2段落差工（全落差高H=2.3m）
　　上段／コンクリート平滑面仕上げ（h=1.0m、1.5割勾配）
　　下段／自然石埋込仕上げ（h=1.3m、1.25割勾配）
受賞：しまね景観賞（1996年）
　　土木学会デザイン賞2002優秀賞

津和野──故郷になりつつある川

篠原 修

　朝、宿を出て丸山橋に向かう。足元ではカタカタと下駄がアスファルトに木霊する。宿が日本旅館だから下駄でよいのだが、同行の岡田一天君に至っては上も浴衣である。朝の空気は浴衣で大丈夫かと思うほどに冷たく清々しい。

　丸山橋から上流を見る。現場で工事がはじまって以来、来るたびにいつもそうしてきた。まず丸山橋に立って上流を眺め、ここを始点に上流にさかのぼって施工現場を見て歩くのである。丸山橋直上流の右岸から流れをさかのぼって工事が順次進んでいったためであろうか、その右岸側の第一期工事分の護岸の石はすでに黒ずんでいる。その黒ずみが津和野川と僕たちのつき合いの歳月を示している。

　橋の袂にある病院の前を通って僕たちは河畔を歩く。「おはようございます」お婆さんが僕たちにあいさつをする。「おはようございます」僕たちがあいさつを返す。この道は病院の見舞い客と病人と、病院の人々の散歩道にしようと考えて設計したのである。ようやく人が出てきて集団登校の小学生たちが群れるように歩いてくる。上流からは自転車に乗った人が通り過ぎる。「おはよう」「おはようございます」。

　ちょうど5年前の秋、僕は柄にもなく、県庁とその出先の土木事務所、町役場の人たちを前に小さな演説をしていた。「津和野を良くするために、津和野川を"まち"と結んで観光津和野のもうひとつの顔とするために、橋詰に広場が、養老館裏に大きな芝生の広場が、その土地が必要なのです」と。

　県と町の人たちの努力によって、その僕たちの願いはかなった。今その橋詰広場には多くの観光客が憩い、記念撮影を楽しみ、大きな芝生の広場では子供たちが駆け回っている。川は川、橋は橋、「まち」は「まち」、という具合にバラバラにやっていたのでは良いものはできない。その失敗を繰り返したくないと痛切に思っていたからである。

　そのとき以来、僕たちの設計と現場での工事は着実に進んだ。もちろん、曲折はあった。江戸時代からの護岸の伝統を継承して、山石を使い、それを下は大きく、上にいくに従って小さくという岡田君の自然石埋込みの指示は、当初露骨に現場で嫌な顔をされた。しばらくして施工現場を見にいくと、ワイヤークレーンで石を一つずつ吊って、2～3人の作業員がそれをコンクリート護岸に丁寧に一つひとつ埋め込んでいた。これでは現場が嫌な顔をするわけである。しかしその嫌な顔は、つぎの年には活き活きとした顔に変わっていた。極めてめんどうな作業が、でき上がってみると立派な護岸となり、彼らにも得心のいくものに仕上がったからである。施工とのやり取りばかりでなく、途中から急に割り込んできた皇太子御成婚記念の鷺舞のモニュメント設置を巡って、彫刻家とやり取りをし、県の土木事務所の担当者と地元要望を巡っての設計上の議論、山口線鉄橋上流部の再設計を巡っての、身内の岡田君との論争。

　しかし、その論争を経るごとに、僕たちも土木事務所の担当者も、また現場の作業員たちも着実に進歩し、工事のほうも着々と成果を積み重ねていった。こうして丸5年の歳月が流れた。その歳月を踏み締めるように、僕たちは河原の石を踏み締めて、工事の仕上げになるはずの最上流部の落差工の現場を歩く。落差工上部のコンクリート面をなめて水は流れている。思いどおりだ。しかし、落差工下部の白く泡立って流れるはずの、その面はまだ水面の下にある。河床掘削が終わって、水が落差工を下り、津和野大橋上下流部を豊かに流れる日までもう1年ほど待たねばならない。

　いくばくかの悔いはある。『天空の川』を残して逝ってしまった関正和さんに写真でしか見てもらえなかったこと。東京に勤めるがゆえに細かな現場指導ができなかったこと。峠を越えた山口線の、行き違いの列車待ちのホームで煙草を吹かしつつ、5年前の秋を思い出していた。あのときもトンボが飛んで、僕たちはやっぱり煙草を吹かしていた。

初出：『建設業界』1996年11月号

完成した護岸のパラペットに腰掛ける

津和野川をSLが渡る懐かしいふるさとの風景

鷺舞の舞台に使われる水辺空間

写真提供：岡田一天（上・下）、篠原 修（中）

原風景としての橋の造形
[朧大橋]

朧大橋

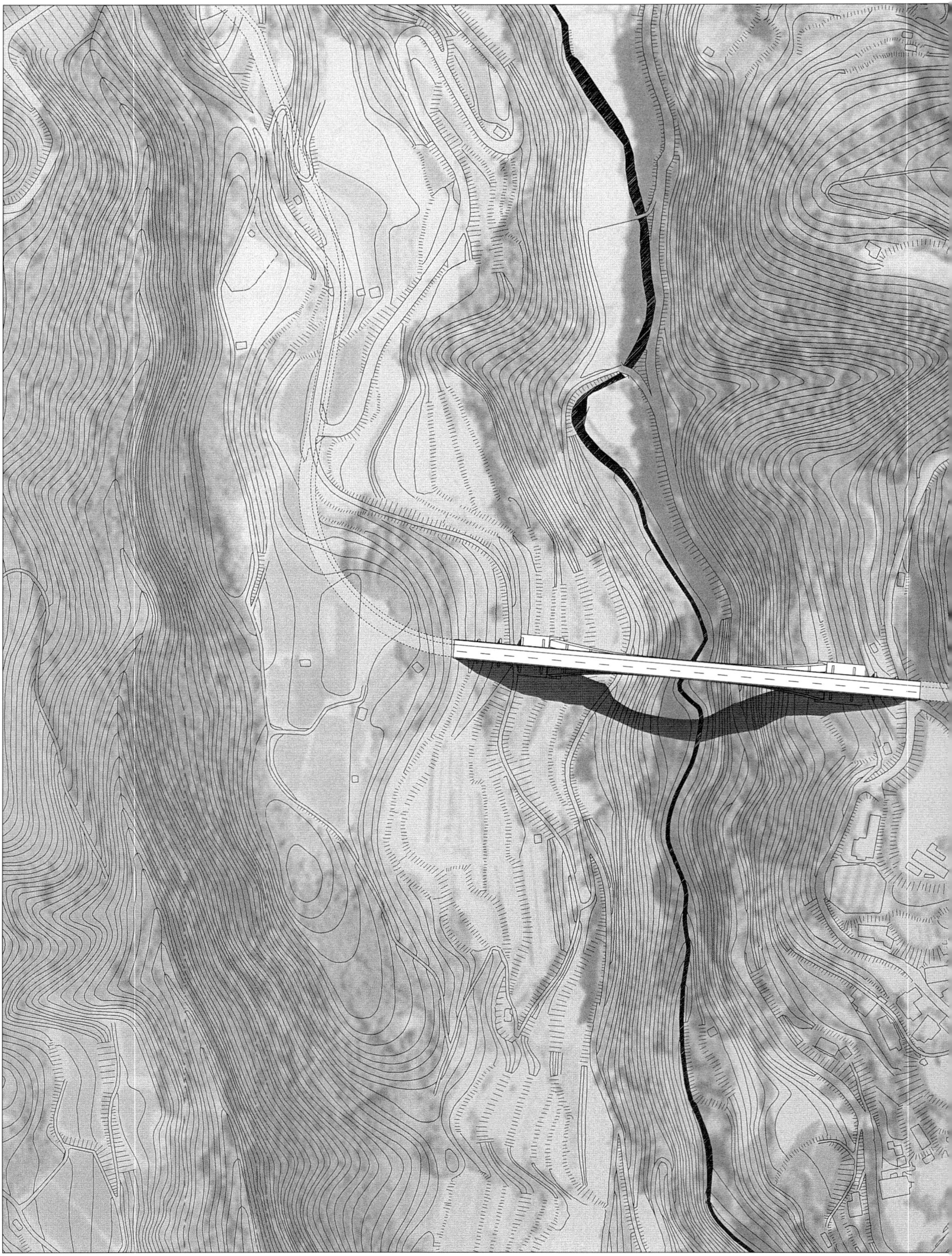

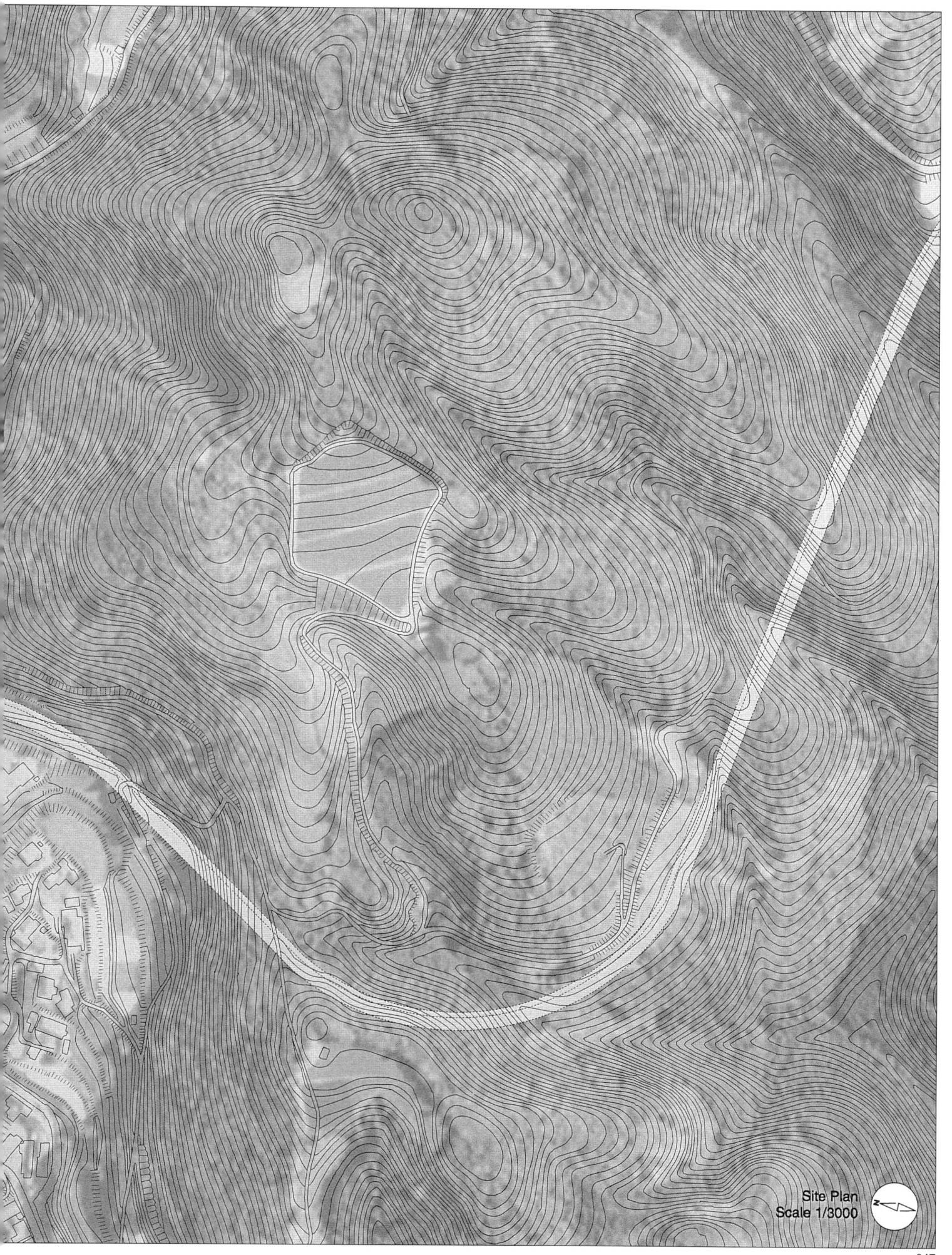

Site Plan
Scale 1/3000

朧大橋見上げ

視線の抜け、アーチリブ垂直材

293 000

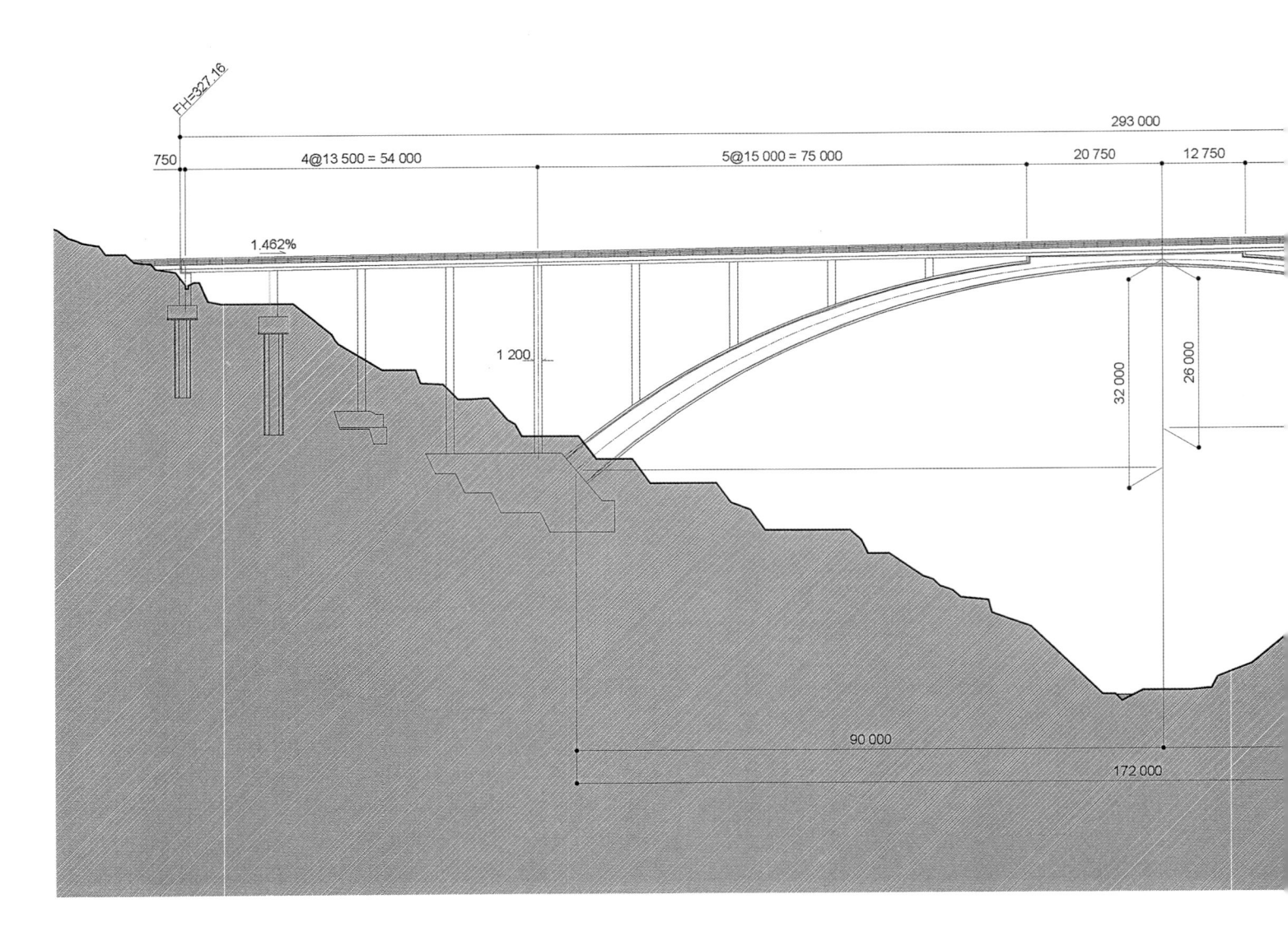

750 | 4@13 500 = 54 000 | 5@15 000 = 75 000 | 20 750 | 12 750

FH=327.16

293 000

750 | 4@13 500 = 54 000 | 5@15 000 = 75 000 | 20 750 | 12 750

1.462%

1 200

32 000

26 000

90 000

172 000

050

A - A'

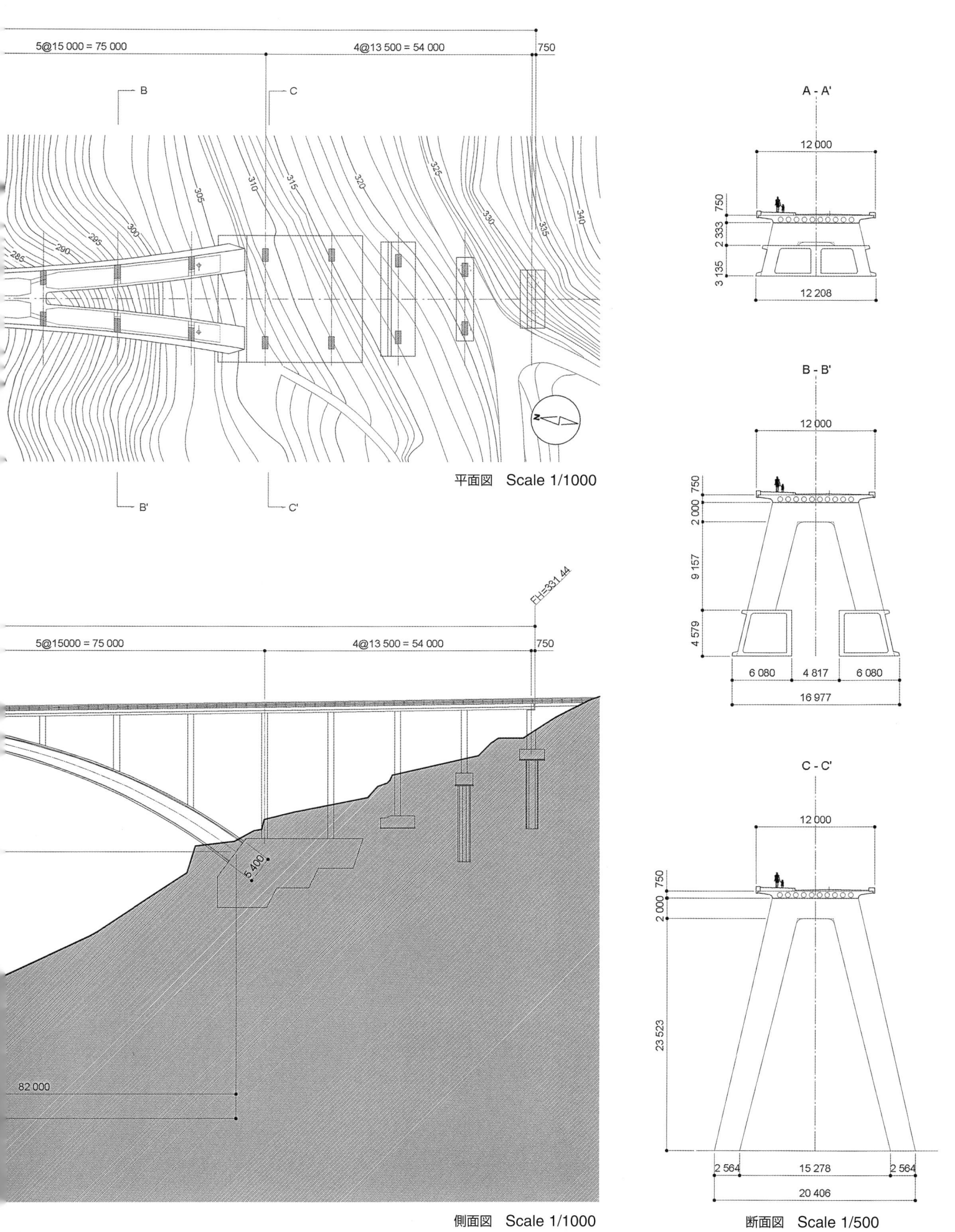

- 12 000
- 750
- 2 333
- 3 135
- 12 208

B - B'

- 12 000
- 750
- 2 000
- 9 157
- 4 579
- 6 080 | 4 817 | 6 080
- 16 977

C - C'

- 12 000
- 750
- 2 000
- 23 523
- 2 564 | 15 278 | 2 564
- 20 406

平面図　Scale 1/1000

5@15 000 = 75 000　　4@13 500 = 54 000　　750

側面図　Scale 1/1000

FH=331.44
5 400
82 000

断面図　Scale 1/500

051

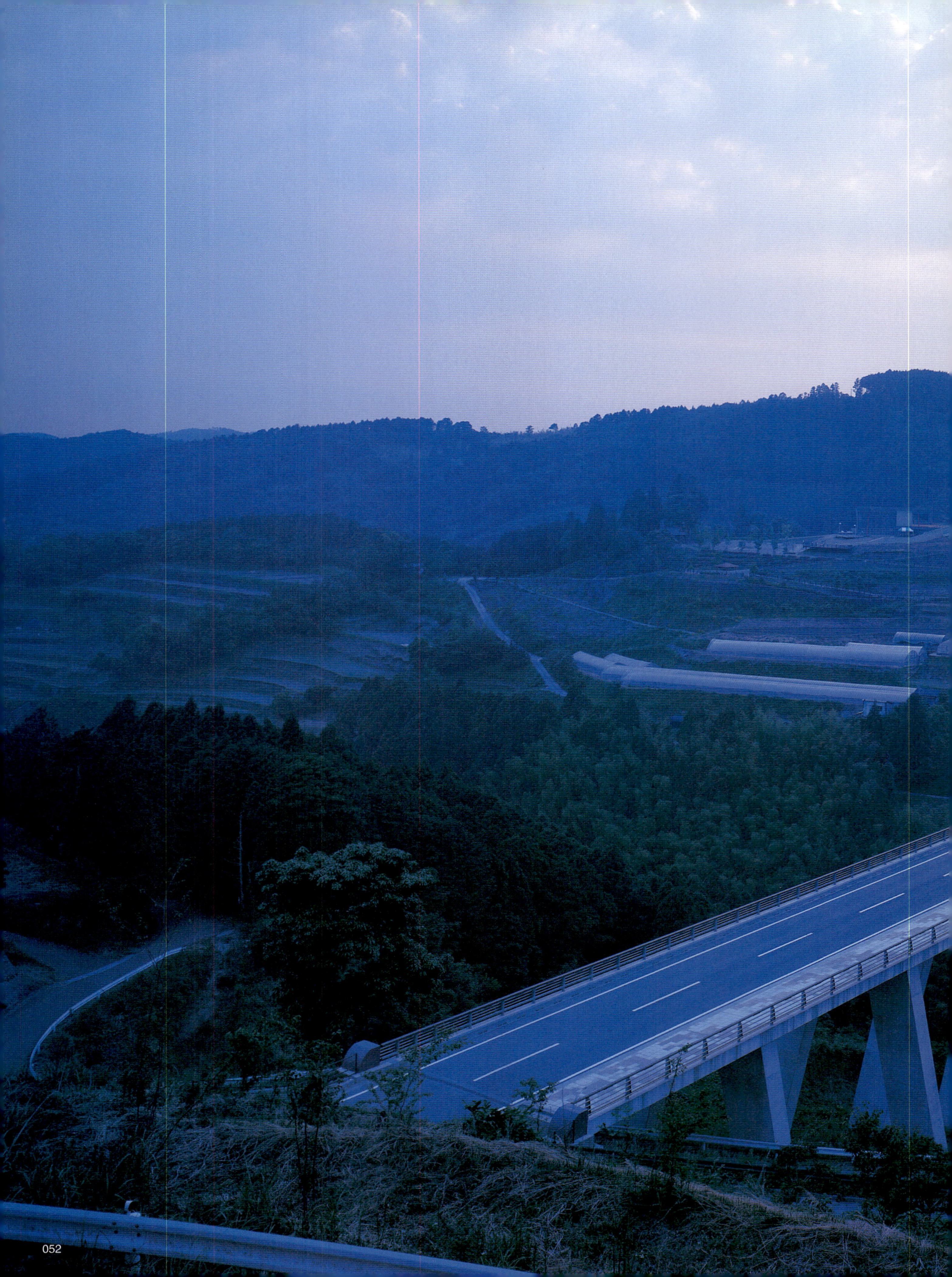

橋と段々畑の風景

谷間から垣間見る

●橋は原風景たりうるか──朧大橋

　朧大橋は、上陽町や星野村などの奥八女地域を県南の中核都市である久留米に結ぶ町道の一部として計画された。山合いに位置する架橋地点は深い谷で、その中腹には上陽茶の段々畑が広がっている。山間部ののどかな谷に架すべき形式として、また大正・昭和初期に四橋の石造アーチ橋が建設された歴史をもつ「石橋の里」の記憶を継承する形式として、ごく自然に上路アーチ橋を前提にデザインの議論がスタートした。メンテナンスフリーの長所を買って、橋種はコンクリート（PC）とすることも決定した。

　架橋地点に近接して、谷の左岸下流側には下横山小学校がある。この小学校に通う子どもたちは新しくできる橋を通学路として利用し、あるいは毎日眺めながら暮らすことになる。したがってデザインの目標として、おのずと子どもたちの原風景たるにふさわしい橋を目指すこととなった。そのためには、橋自体は主張せず、周囲の山並みや渓谷、茶畑の風景になじみながら当たり前のように存在し、かつアーチ自体が有する美しさが風景の中で嫌みなく際立つことが必要である。

　橋の印象を決定づけるのは、第一に地形へのおさまりと全体のプロポーションである。橋長293mに対して幅員が約10mと狭いため、通常のアーチリブの設計ではひょろひょろとした安定感を欠くプロポーションとなり、深い谷の迫力に対していかにもひ弱に見えてしまう。それを避けるために、アーチリブをそのスプリンギングに向かう途中で二股にわけて、いわば開かれた2本足が大地に立っているような造形としている。この造形操作は、全体のプロポーションを整えて橋の視覚的安定感を得るとともに、橋軸直角方向の耐震性能を向上させるという効果も生んでいる。さらに、垂直材の形状とスパン割、アーチリブのディテール処理など構造各部、細部のデザインはすべて、巨大なコンクリートアーチをいかに素直に谷地形におさめ、かつアーチの形自体の美しさを見せるか、という観点から導き出されている。橋の基礎部は工事後埋め戻しが行われ、自然斜面が復元された。また橋上照明は、上路アーチのすっきりとした美しさを損ねないよう、すべて高欄照明を採用している。

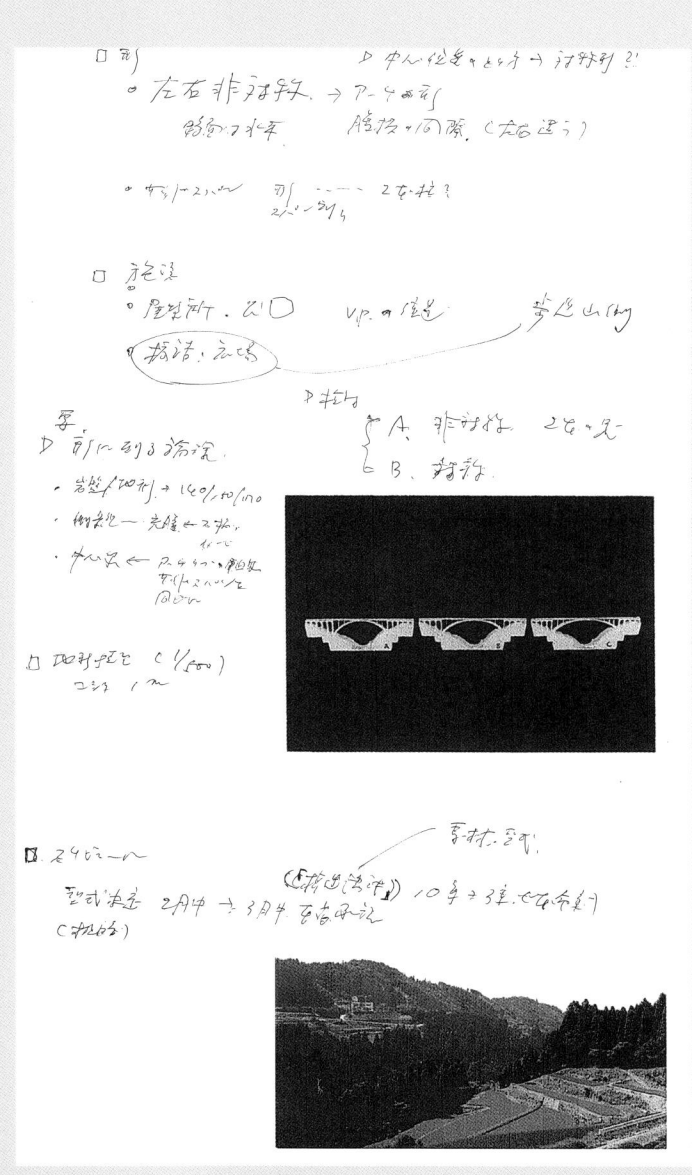

初期検討時のメモ。地形が指し示す必然的な形を模索する

事業主体：福岡県八女土木事務所
　所在地：福岡県八女郡上陽町
設計指導：篠原 修
　　設計：建設技術センター（武末博伸）
　　施工：住友建設・富士ピー・エスJV・
　　　　　尋木建設
設計期間：1995〜1997年
施工期間：1997〜2002年
　　構造：PC上路アーチ橋
　　規模：橋長293.0m、アーチ支間172.0m
　　受賞：土木学会田中賞（2002年）
　　　　　土木学会デザイン賞2004優秀賞

急流に伏せるアーチと水のある生活景
[勝山橋／勝山市中心市街地]

勝山橋

越前鉄道勝山駅

勝山橋

九頭竜川

大清水空間

Site Plan
Scale 1/3000

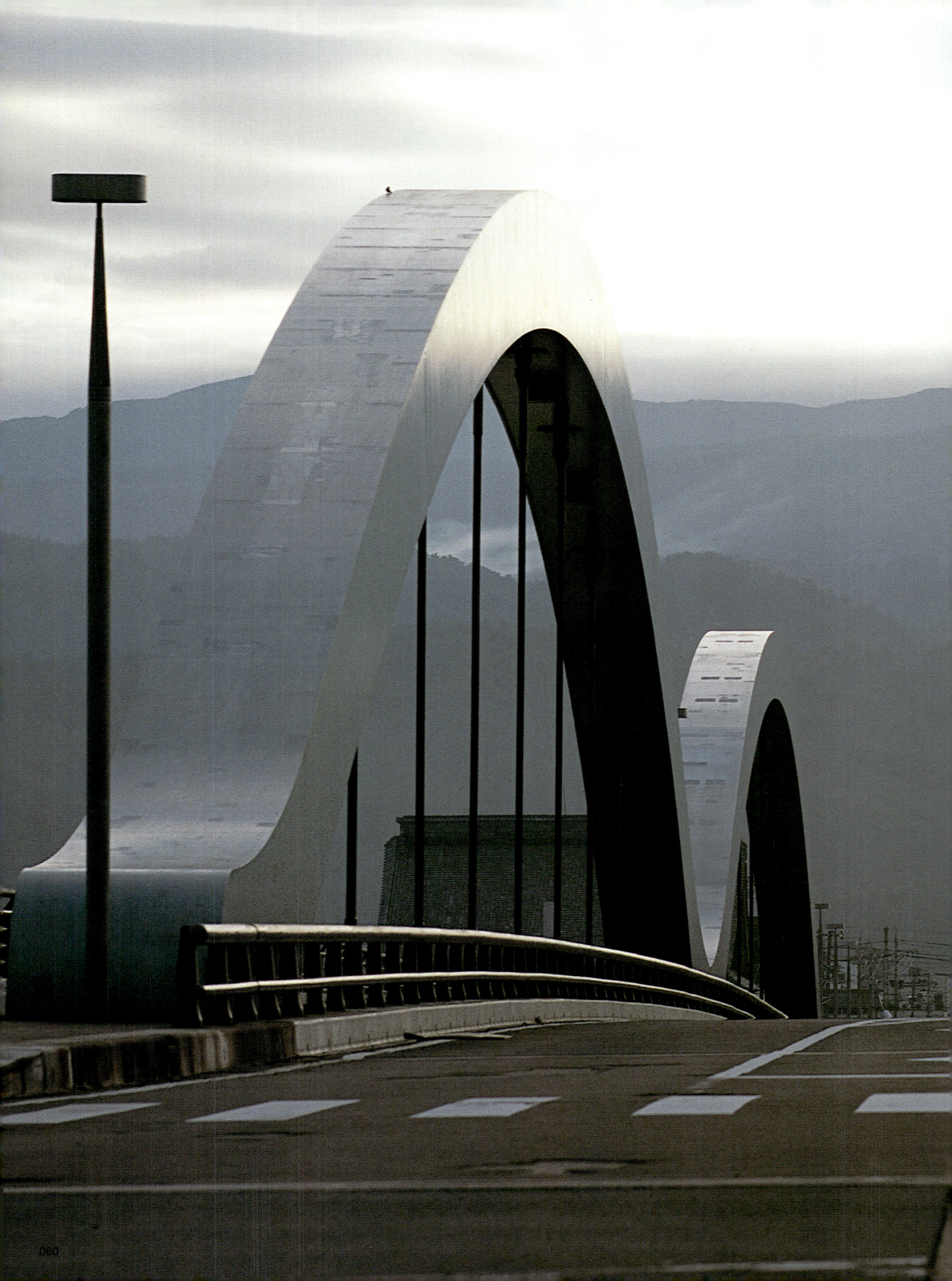

橋上から市街地側を見る

大清水・源泉部

大清水広場

2,000 | 2,400 | 2,400 | 2,400 | 2,990 | 190 | 1,800 | 190
17,480

5,630
5,000
460
16,705
23,060

3,280 | 4@400 | 1,200 | 5@400 | 4,300 | 2@400 | 2,395 | 1,800 | 2,260

大清水空間 平面詳細
Scale 1/250

063

上流側から勝山橋の全景を見る。背景は嶺北の山並み

大清水（源泉部）

大清水広場

施工中の勝山橋

現場視察(右から篠原修、南雲勝志)

開通式

写真提供：植村一盛(上・下)、今度充之(中)

● 九頭竜川に二連のアーチ、
　そしてカッチャマに水を────勝山橋

　急流で名高い九頭竜川の清冽な流れを眼前に、遠くには福井県嶺北地方の山並みが映える。春の新緑、盛夏の深緑、そして紅葉、冠雪。勝山橋の架橋地点は、四季折々の自然がつくり出す力強い風景に恵まれている。勝山橋は、この豊かな自然の風景にとけ込みながらも、地元の人の記憶が詰まっていた初代の橋を引き継ぐ、確固とした存在感をもつ橋であることが求められた。

　2連の下路アーチは、山並みに似合う柔らかに伏せた形であり、かつ町の玄関としてのゲート性（勝山橋は、越前鉄道勝山駅と、その対岸に広がる中心市街地とを結んでいる）を満たす形として、導き出された。アーチのスパンライズ比は1/8である。冬季の路面への落雪事故を未然に防止する意図から、アーチリブ同士をつなぐ上横構を省略し、同時に開放的な橋上空間を実現している。高欄、親柱、照明（南雲勝志設計）は、アーチの流れるような形やスケールとのバランスに配慮したデザインである。橋体はアーモンドグリーンという橋には珍しい色で塗装されているが、季節なりに移り変わる風景に調和しつつも、周囲に埋もれることのない色を検討した結果である。

　勝山橋の右岸の河岸段丘上には、勝山市の中心市街地が広がっている。2003年、この中心市街地に生活空間としての魅力を取り戻すためのまちづくり事業が開始された。篠原修、小野寺康、南雲勝志、矢野和之からなるデザインチームが編成され、かつて町なかの至るところに見られた水路を復活させつつ、いまだ数多く残る町家を生かした町並みを創ることを当面の目標に、設計作業が進行中である。手始めとして2005年7月、湧き水のある大清水源泉部と小さな水路、大清水広場が完成し、勝山の新しい風景づくりの第一歩が記された。今後数年を経て、さらにいくつかの通りや広場に、かつて勝山の記憶であった豊かな水の流れが再び姿を現す予定である。

■勝山橋
事業主体：福井県 勝山土木事務所
所在地：福井県勝山市遅羽町
設計指導：篠原 修
設計：東京コンサルタンツ（村西隆之、
　　　植村一盛）、
　　　［照明、高欄、親柱］ナグモデザイン
　　　事務所（南雲勝志）
施工：［上部］日本橋梁・サクラダJV、
　　　横河ブリッジ・駒井鉄工JV、
　　　三菱重工・高田機工・日本車輌JV、
　　　春本鐵工（現・ハルテック）
　　　［下部］飛島建設・熊谷組
設計期間：1995～1997年
施工期間：1996～2000年
構造：単純鋼床版鈑桁＋
　　　単純下路式ローゼ桁（2連）＋
　　　3径間連続鋼箱桁
規模：橋長335.0m（30.0＋90.95＋
　　　91.05＋45.0＋45.0＋33.0）、
　　　幅員22.8m

■大清水空間
事業主体：勝山市
所在地：福井県勝山市本町
設計監修：篠原 修
設計：［全体］小野寺康都市設計事務所
　　　（小野寺 康、吉谷 崇）
　　　［ストリートファニチュア］ナグモ
　　　デザイン事務所（南雲勝志）
　　　［構造］サンワコン（道林 亮、
　　　山田俊昭）
施工：坪内建設、アート、中西建設、
　　　大和興業、足立建設、坂上建設、
　　　西村建設、藤沢建設、合同産業、
　　　（電気工事）袖川電気商会、
　　　コスモ興業
設計期間：2004年
施工期間：2004～2005年
諸元：［水路］玉石練積護岸
　　　［歩道／広場］越前瓦タイル敷舗装、
　　　ソイルセラミックス舗装、
　　　ボードデッキ（イペ材）、
　　　ベンチ（ドウッシー）
　　　［防護柵］鋳鉄製

10年やって、やっとわかったこと——デザインの近代主義と市民の要求

篠原 修

セビーラの話

　もう10年以上前のことになるが、伊藤學先生（当時東京大学教授）主催の鋼橋技術研究会でデザインの好きな連中が集まってワイワイやっているうちに、本場ヨーロッパの橋を見に行こうということになった。新旧とりまぜていろいろな橋を見たのだが、何といってもお目当てはロベール・マイヤールと当時売り出し中のサンチャゴ・カラトラバの橋だった。

　バルセローナでは鉄道を跨ぐバックデローダ橋の有機的な形態に感嘆しつつも、歩道を包むダブルアーチの外側ケーブルを握って揺らし、何だちっともきいていないじゃないかと教えてくれた構造の連中の言葉になるほどと思った。しかし、けちをつけても所詮かなわない、段違いのカラトラバの造形力であった。

　セビーラ（セビリア）ではこれもカラトラバのお目当てのひとつ、アラミージョ橋を見た。ご承知のようにバックステイなしの傾けた1本タワーの一面吊り斜張橋で、迫力は満点だった。そして、何よりタワーと橋がつくり出す120°の二等辺三角形の形はきれいだった。カラトラバが好きな連中には堪えられないだろうな、と思いつつ、なぜかあまり好きになれないなこの橋は、と僕は考えていた。

　僕の好みからいうと、アラミージョより、それに続く高架橋の方が断然よい造形だった。地表から断面的にはヴォールト状の形に立ちあがるこの高架は、最上段が6車線の車道、2段目がサイドについた歩行者用通路になっていて、高架下に入ると、車道の中央分離帯にあけられた窓から光が地表に落ちてくるのである。カラトラバは装飾に頼らず構造そのものを自己表現の手段にしている。そう感じた僕は、カラトラバのデザインに勝手に構造表現主義と名づけた。構造表現主義はこれからのデザインのひとつの潮流になるに違いない。

　しかし、セビーラでの話はこれで終わりではない。僕たちがアラミージョを見にいった時期はちょうど万博の開催時期に当たっていて、せっかくだからということで会場に廻った。万博というものは国を問わぬようで、会場の内外は人でごったがえしていた。会場のメインゲートの位置には、アラミージョとは対照的な、有体にいえば格好の悪い橋が架かっていて、その名をバルケタ橋という。桁の両サイドから出た2本のアーチリブが途中で結ばれて、中央部が1本のアーチとなって桁を補剛している。あたかもピクニックに持っていくバスケットのような形になっているためだろう、人々はバルケタ橋と呼ぶのである（恐らく正式な名称ではなく愛称なのだと思う）。驚いたのはこの格好の悪いバルケタ橋の方が、利用動線上の位置のよさも手伝ってのこととは思うが、アラミージョ橋より断然人気があることだった。何でこんな橋が……。

バルケタ橋

アラミージョ橋

機能に忠実でシンプルな近代橋梁デザインの始祖、マイヤールとそれにつづくフリッツ・レオンハルト、クリスチャン・メンなどの近代橋よりも、構造を自在に操って自己表現するカラトラバの橋の方が、エンジニアの好みにもよるだろうが、斬新で未来を感じさせる。これは納得のいく見分だった。しかし、そのカラトラバの橋よりもバルケタ橋の方が人気がある。これは容易には納得がいかない、しかしセビーラの事実なのだった。

デザインの近代主義

　40歳にもなってからデザインをはじめたころ（1986年）、建築はポストモダンの時代だった。磯崎新のつくばセンタービルはその代表作品のひとつだったと思うが、地元大学の建築の先生の熱の入った解説にもかかわらず、僕は何の感銘も受けなかった。明確にそう意識はしていなかったにせよ、これは本物ではないと直感したからだろう。

　実際、デザインの方は40を越してからのこととはいっても、学生時代から景観をやっていたから、近代建築の本を読み、近代建築のいくつかは見ていた。そういう世代だから、頭は近代主義で固められていた。無駄のない、きれいな、ゴタゴタとした装飾はデザインとは無縁のものである、そう教えられ、事実そう信じていたからデザインをはじめるにあたっても迷いはなかった。なるべくシンプルに、きれいにつくろう。最初の松戸の広場の橋・森の橋はそう思い通りにはならなかったものの、3作目に東工大の三木千寿さんとやった辰巳新橋は、その思いのひとつの到達点だった。不要な部材を一切取り払って、可能な限りシンプルに、しかし見る位置によって多様な表情を持つ橋、それが辰巳の狙いだった。

　きれいな橋ですネ、と人は言ってくれる。そうでしょうと僕は心の中で答える。竣工後しばらくして地元の声を江戸川区の職員がこう伝えてくれた。他にはないユニークな橋ですが、妙な橋ですネ、と。そのときはそんなものか、と聞き流していたが、今になれば思い当たる。妙な、という言葉がキーワードだったのだ。なぜすぐ気がつかなかったのか。気がつくまでに勝山、朧の両橋を経験しなければならなかった。その間に5年ほどの時が流れる。

勝山、朧を通じて僕の潜在意識が表面に

　勝山橋、1995年から。朧大橋、1996年から。この2橋のデザインを通じて近代主義信仰に押し込められて意識下にひそんでいた僕の潜在意識が、本人がそれとは意識することなく表面に浮かび上がってくる。初期の松戸の広場の橋や辰巳新橋とは違ってほかのエンジニアやデザイナーと組まなかったのがよかったのだろう、潜在意識が露になるためには（謙

辰巳新橋（橋軸方向）。これが妙な、という印象なのだろう

信公大橋では大野美代子さんにおさまりを考えてはもらったが)。橋長335m、急流九頭竜に架ける勝山橋では、平時の流水部と高水敷部の形式を変えようと考えた。なぜなら橋の原点が人の渡れない流水部に橋を架けることにあると思ったからである。普段は水のない部分に橋はなかったはずである。高水敷上は桁にするとして、さて流水部上は、どうするか。低いライズのうねるような2連のアーチにしようと考えた。周囲の山並との関係、桁の部分との連続性でこう考えたのである。ライズ比は1/8。

　高欄、親柱、照明を担当してもらった南雲勝志さんとアーチリブと桁の色決めや高欄の出来具合を確かめに現場に赴いた。恐竜の背骨のようですね、このアーチはと言われた。なるほど、言われてみれば見る角度によってそのように見えないこともない。地元の人がそう言うのは、勝山という所が恐竜の骨が出たことで有名で、恐竜の町として売り出そうとしていたことが大きい。実際竣工の年(2000年)には恐竜博が開催されたのである。また、ほぼ完成ということになって再び南雲さんと現地を訪れる。側面から橋の全体形を確かめたかったので、初めて、はるか上流から橋を眺めてみた。篠原さん、ブラジャーですかこれは、と南雲さんが言う。まさか。ブラジャーのつもりならもっとサイズを上げるよ。

　恐竜の背骨と言い、ブラジャーと言い、デザインする当人にはそんな意図は全くない。勝手に人がそう言うのである。なるほど、人間というものはそういうものか、むしろ面白いと思いはじめた。

　久留米の東にある上陽町という土地の深い谷に架けることになった朧大橋の場合。一目見てここにはアーチしかないなと思った。問題はどういうアーチにするかである。普通の上路アーチにすると、この道路は幅員が11mしかないから貧相になると考えた。橋長293m、路面から谷まで70mもある結構スケールのある橋だから幅が11mではつらい。ひょろひょろと頼りない橋になっては困る。足を開こうと考えた。そうすることで安定感が出る。橋の弱点である側面の形のみの美しさから逃れて、多様な視点からの鑑賞に堪える立体感をもつことができる。模型を制作してもらうと、それに加えて躍動感も期待できそうである。アーチリブをパラボラで開き、桁を受ける鉛直材を直線のテーパを使って統一することがで

朧大橋(近景)。立体感、躍動感はあると思うが、ウサギとは。人のイメージとは面白いものです

きて形はまとまりそうである。構造を担当する武末博伸さんに言わせると、開いた足には耐震的にもよい結果が期待できるという。工事がたけなわとなって作成された橋のパンフレットを見ると、朧月夜に飛び跳ねるウサギをイメージしてデザインしたと書かれている。誰が……、躍動感とは言ったがウサギとは言っていない（開通式。2002年3月の記念パンフレットでは是正されていたが）。思うに朧という橋名（地名）がイメージ喚起にあまりにピッタリだったのだろう。イメージしてデザインしたと言われれば心外だが、飛び跳ねるウサギのような橋と呼ばれることに抵抗感はない。それはそれでよい、と思うように当方の心境は変化してきている。

市民の潜在的要求

話がここまでくればなぜバルケタ橋の方に圧倒的に人気があったかを理解するのは容易だろう。アラミージョは立派できれいだが、何だか威張っていて親近感を持てないのである。バルケタ橋は庶民に身近なバスケットのような形、これは親しめる。

辰巳新橋が何だか妙な、と言われたのは、いま一歩市民が親近感を持てる形になっていないがためである。きれいでユニークだが、いまひとつ身近に感じられず、心の琴線にとどかなかったのだ。

シンプルに無駄を削ぎ落として、きれいにというのはエンジニアの論理であって、それは当初こそ新鮮に感じたかもしれないが、今や市民はウンザリしている論理なのだと思う。市民は口に出してこそ言わないが、言ってみればとりつく島がないのである。建築とて同じこと、いやそれ以上か。鉄骨とガラスの建物はきれいかもしれないが、そのツルピカにはやはりとりつく島はない。市民は建物や橋、生活する空間にとっかかり、意味を求めているのである。

こう考えてくると、バルセローナに戻って、やっぱりアントニオ・ガウディはすごいなあ、と思う。デザインのレベルが高くって、かつ大衆に人気があるのだ。デザイン力があっても大衆に受けようとすればどうしても形に媚びるところが出てくる。悪いときのカラトラバがこれだ。逆に、デザイン力を持たずに受けだけを狙えば、これはよく見かけるトンネルの坑口のレリーフになる。高い水準を狙って、結果的に親近感をもたれること、これが僕の考える理想だが、邪念が入るとものごとはたいてい失敗する。ガウディはそのバランスをどう考えていたのだろうか。デザインの近代主義の限界を自覚できたのはひとつの収穫だったが、デザイン実践の方では、むしろ潜在意識は潜在意識に留まっていたほうがよかったのかもしれない。

初出：『Docon Report』Vol.163、2002年9月

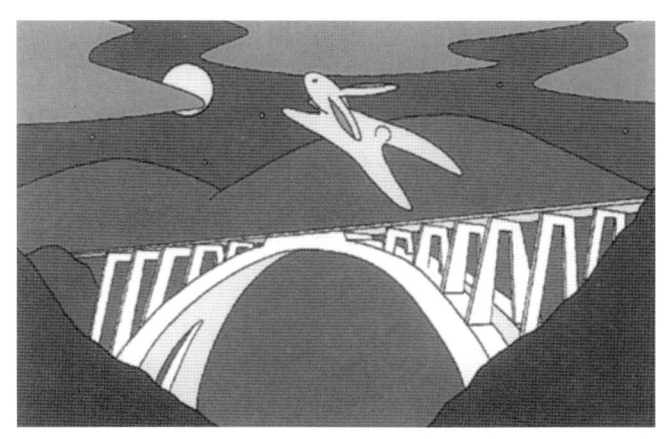

朧大橋パンフレットのイラスト。「本橋は『周辺環境との調和』に配慮され、朧大橋景観検討委員会（委員長　東京大学・篠原修教授）によって景観デザインがなされております。架橋地名の朧から『おぼろ月夜にウサギが飛び跳ねる』姿をイメージした、二股に分岐するアーチリブ形式や、逆V字型鉛直材など、躍動感にあふれるアーチが計画されました」（パンフレットより）

写真：篠原 修 (p.068, p.070)、二井昭佳 (p.069)

水都の記憶を甦生する
［桑名・住吉入江］

正面、西諸戸邸

西諸戸邸

住吉入江 ↑

揖斐川

桑名城祉

Site Plan
Scale 1/3000

レンガ積みの護岸の表情

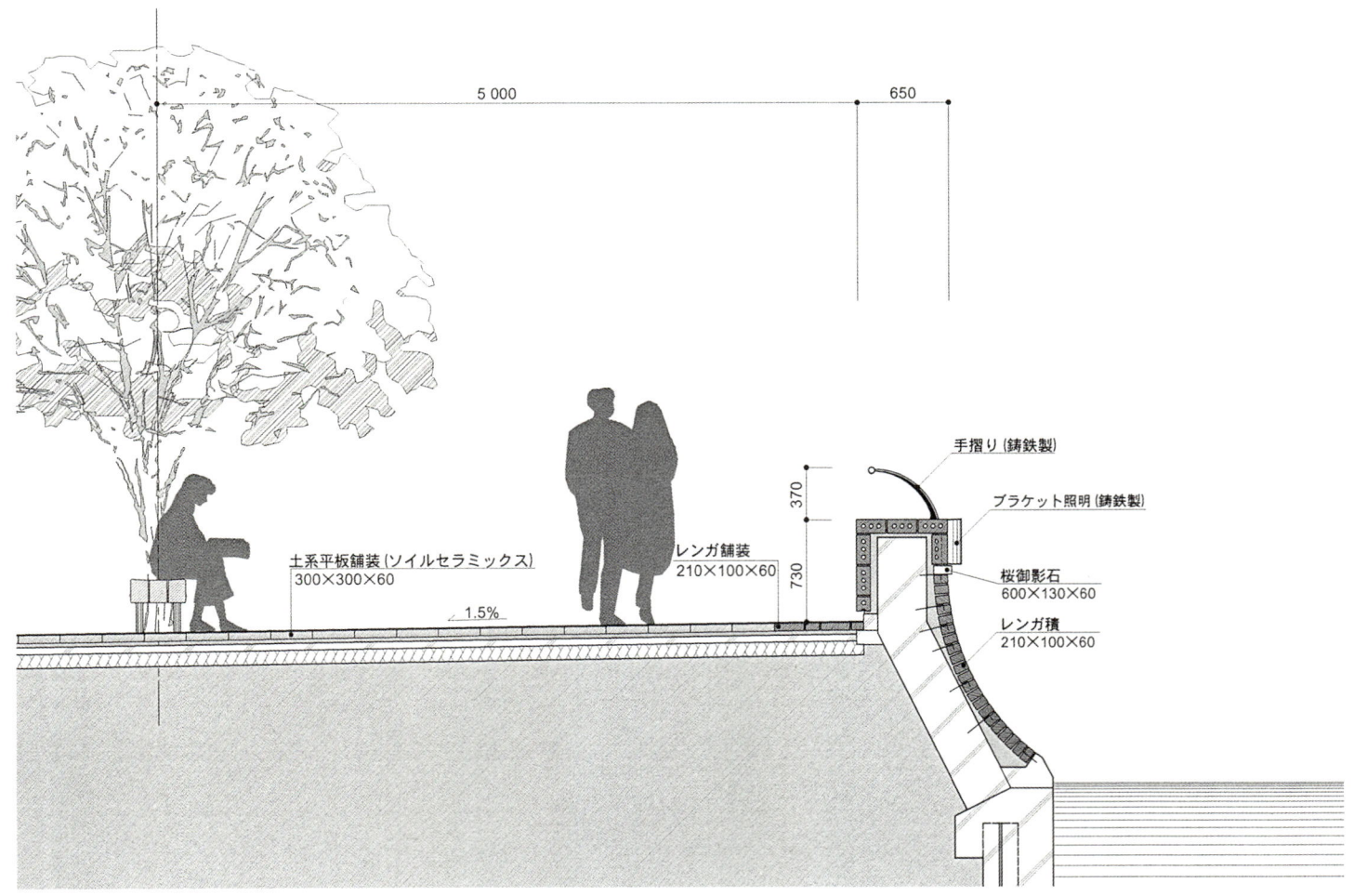

5 000	650

土系平板舗装（ソイルセラミックス）
300×300×60

レンガ舗装
210×100×60

1.5%

370

730

手摺り（鋳鉄製）
ブラケット照明（鋳鉄製）
桜御影石
600×130×60
レンガ積
210×100×60

A-A' 断面詳細　Scale 1/50

寺町商店街の方向を見る

旧玉重橋の親柱

護岸と玉重橋

西諸戸邸

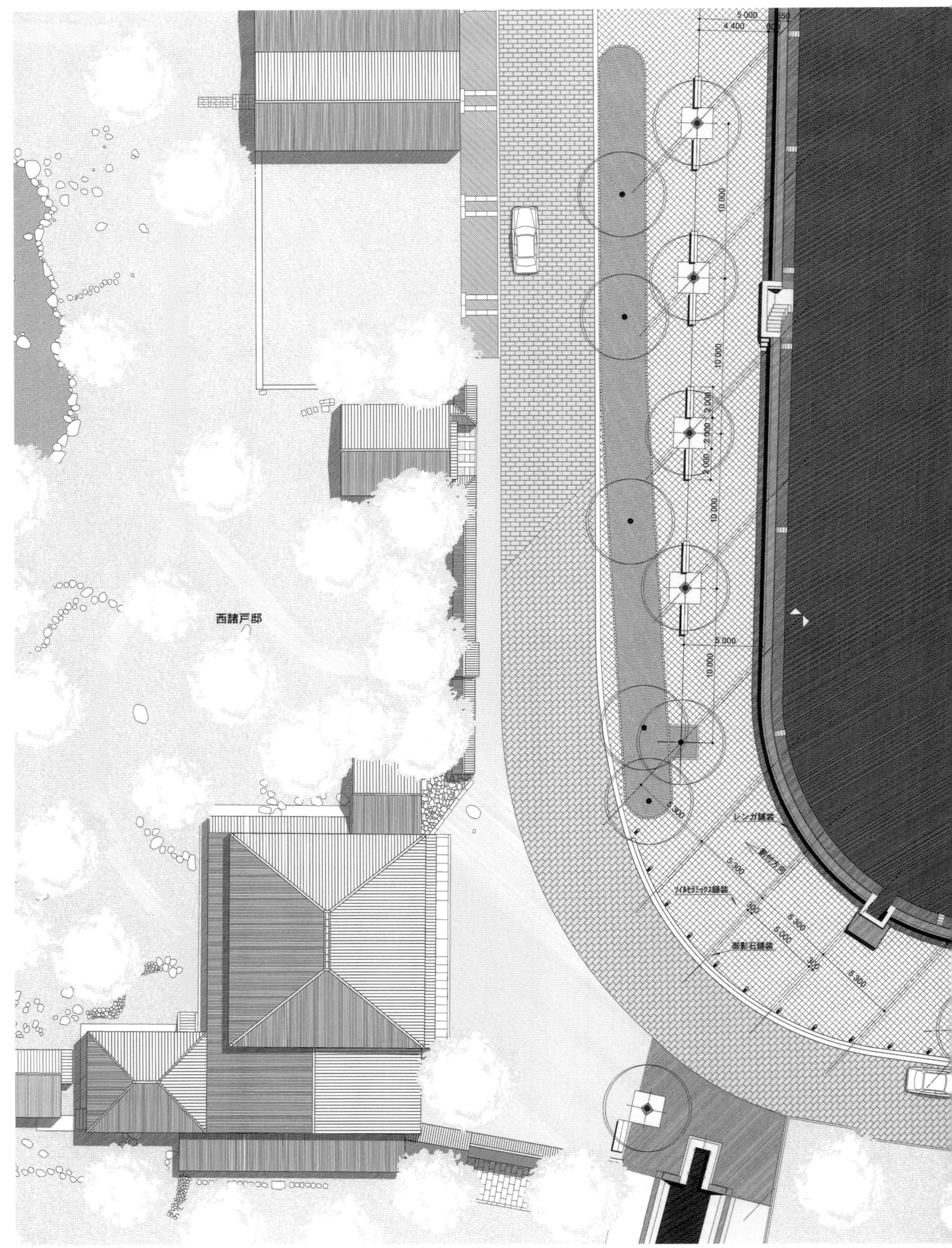

レンガ舗装
新けやき
ソイルセラミックス舗装
御影石舗装

連続型ベンチ

住吉入江

旧玉重橋親柱

旧玉重橋親柱

玉重橋

西諸戸邸付近 平面詳細
Scale 1/300

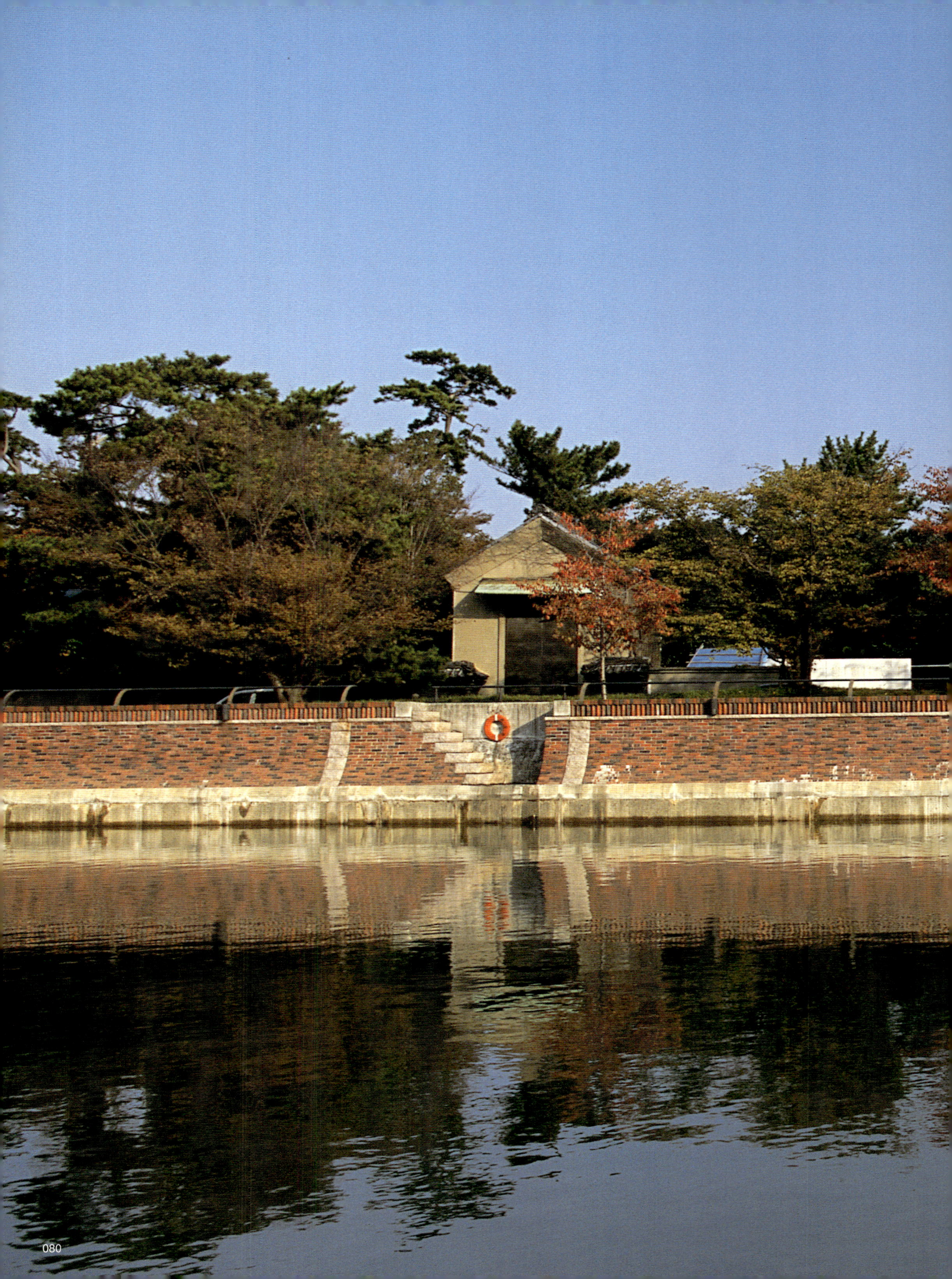

西諸戸邸全景と護岸

写真提供：小野寺康都市設計事務所

住吉入江のオープン式典にて

発泡スチロールによる原寸模型。地元の鋳物組合にて。左端は小野寺康

照明柱の原寸模型

玉重橋の高欄支柱

写真提供：小野寺康都市設計事務所

● 水辺を、外堀を、歩こう────桑名・住吉入江

　三重県桑名市は、1601年に徳川譜代大名本多忠勝によって開かれた旧城下町である。旧城下の面影は、幕末の動乱や戦災復興区画整理等によって失われてはいるが、いくつかの道筋や堀が、城下町の骨格を今に伝えている。

　旧城下町の遺産である旧内堀や中堀は公園化されているが、旧外堀は埋め立てられ、また下水処理施設の一部として利用されるなど、歴史遺産としては活用されていない状況にあった。設計対象地である住吉入江も旧外堀の一部であるが、昭和30年代に下水処理施設の一部となり、沿川には排水ポンプ場が建設され、さらに桑名市の東を流れる揖斐川河口部の防潮堤建設に関連して、地元の漁船が荒天時に待避するための緊急避難港として計画が進められていた。一方で、国の重要文化財に指定された「西諸戸邸」が隣接しており、桑名に旧城下町以来の歴史的文脈を回復して「水都再生」のまちづくりを進める起爆剤となるだけの、充分なポテンシャルをも有していることが明らかであった。

　設計の目標は、避難港としての機能確保はもちろんのこと、住吉入江に残る水都の記憶を現代の風景として蘇らせ、地元の人たちの日常的な散歩道に提供することである。しかし設計に着手したときには、すでに現場では原設計による工事が進行中であり、鋼矢板護岸の上にコンクリートパラペットが立ち上がっていたため、護岸の法線や構造を変更すること、また石積みなど過剰な荷重が生じる仕上げを用いることは不可能であった。そこで、西諸戸邸内に往時のレンガ造の水路や蔵が現存していることにヒントを得てレンガを主たる仕上げ材に用いることとし、コンクリートのパラペットをレンガで巻きたてている。レンガはすべて、地元桑名の土を原料に焼き上げた特注品である。また、桑名の地場産業である鋳物を照明、手摺、係船金物、橋の高欄や親柱に用いて、護岸のレンガと組み合わせている。

　住吉入江のデザインでは、城下町以来の歴史的な水面に、地元の材料や技術による意匠が重ね合わされているが、そこには遺産を生かしながら現代の新しい風景を創るという意志、さらにそれが後世へと継承されてほしいという願いが込められている。

事業主体：桑名市
所在地：三重県桑名市西船馬町ほか
設計監修：篠原 修
設計統括：社団法人 日本交通計画協会
計画調整：アトリエ74建築都市計画研究所
　　　　　（佐々木政雄）
設計：[全体] 小野寺康都市設計事務所
　　　　　（小野寺 康）
　　　　　[ストリートファニチュア]
　　　　　ナグモデザイン事務所（南雲勝志）
施工：東洋建設、伊勢土建工業、
　　　桑名電気産業、ミツワ、佐藤鉄工
設計期間：1998～1999年
施工期間：1999～2002年
規模：整備延長460m
諸元：[護岸仕上] 煉瓦積（一部御影石）
　　　[歩道／広場] 煉瓦＋
　　　ソイルセラミックス舗装、
　　　一部御影石
　　　[照明柱／防護柵] 鋳鉄製
　　　[車道舗装] 御影石
受賞：土木学会デザイン賞2004 優秀賞

歴史遺産を現代の水辺に
[油津・堀川運河]

油津・堀川運河

堀川橋

← 堀川運河

油津大橋

Site Plan
Scale 1/3000

油津大橋

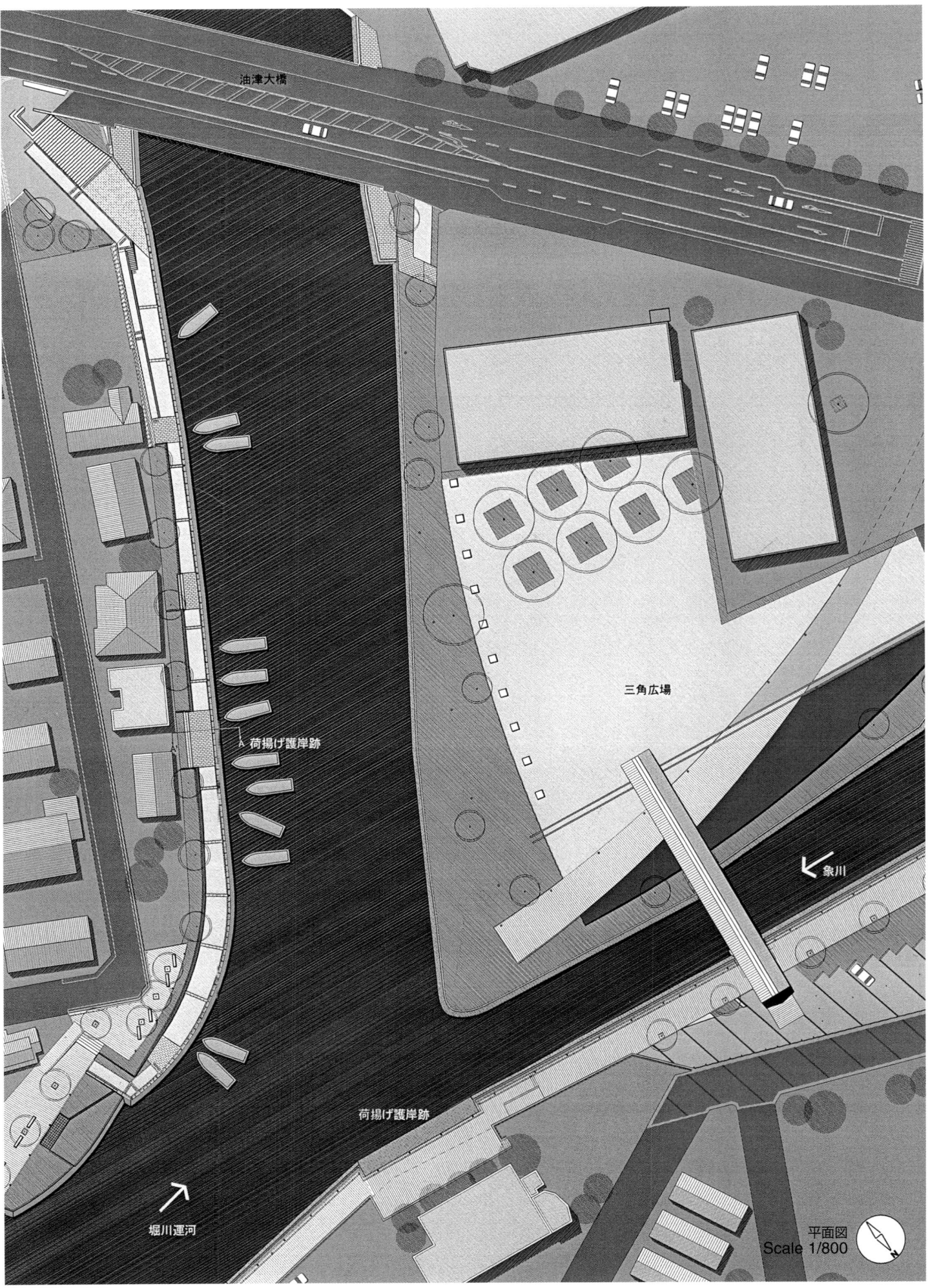

荷揚げ護岸跡

三角広場

象川

荷揚げ護岸跡

堀川運河

平面図
Scale 1/800

プロムナード 　　　　　　　　　　　　　　プロムナード夜景

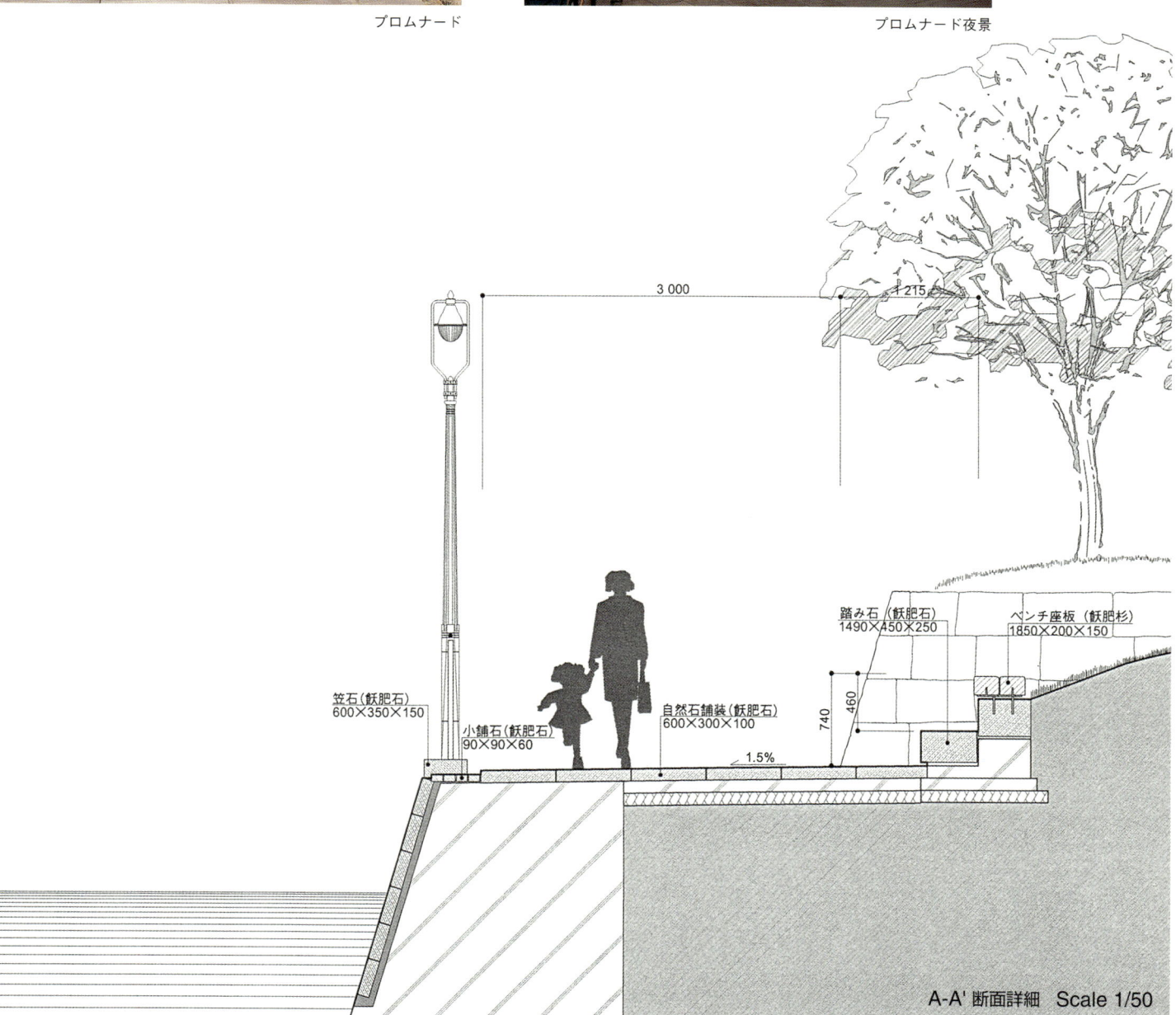

笠石（飫肥石）
600×350×150

小舗石（飫肥石）
90×90×60

自然石舗装（飫肥石）
600×300×100

踏み石（飫肥石）
1490×450×250

ベンチ座板（飫肥杉）
1850×200×150

A-A' 断面詳細　Scale 1/50

089

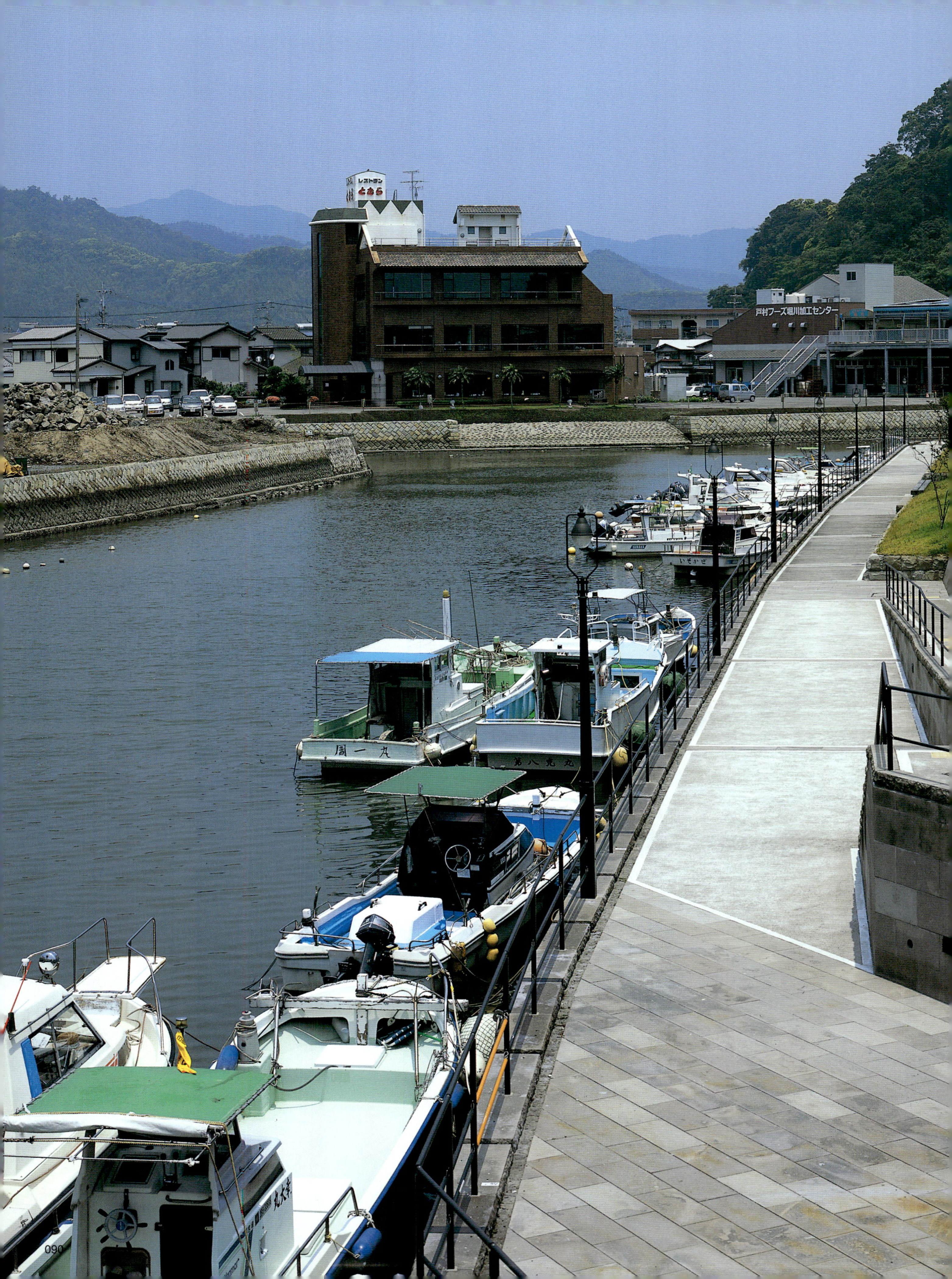
レストラン
とむら
戸村フーズ堀川加工センター

● 明治・大正・昭和の記憶を受け継いで
——油津・堀川運河

　宮崎県日南市油津に位置する堀川運河は、飫肥藩の手によって1600年代に開削された、全長およそ1kmの運河である。江戸時代に需要の高かった飫肥杉を、安全に上流域から油津港まで運搬することが目的であった。当初は素掘りの運河であったが、明治から昭和初期にかけて、沿岸の土地所有者の手によって石積護岸へと変えられていった（堀川運河のシンボルである石造アーチの堀川橋は1903年に築かれた）。並行して油津港も近代港湾としての体裁が整い、昭和初期にはマグロ基地として隆盛を見たが、戦後に衰退し、今や往時の面影はない。

　このプロジェクトは、油津の歴史的遺産であり、周囲の優れた風光に恵まれた堀川運河の歴史的価値を充分に引き出しながら、市民が日常的に使う豊かな水辺を創出することを目的として、歴史的港湾整備事業として着手された。最初に、石積み護岸の表面に張られたコンクリートをはがして、石積み護岸の現況を詳細に調査したのち、往時の姿に修復・復原することから作業を開始した。復原された石積み護岸の前面に設置したプロムナードには、材料としての性質・性能や地域での使われ方を研究したうえで、地場材である飫肥石を適所に用いて、水面や周囲の風景になじみながらも質感のある歩行空間の実現を試みている。ベンチには同じく地場材である飫肥杉を使用し、また転落防止柵が水の眺めの障害となることのないよう、鉄の無垢材を用いて極限まで支柱とビームを細くしている。往時の石積みを正確に蘇らせ、地場産の素材で構成するシンプルな空間を組み合わせることで、周囲の風光になじみながら、モダンな印象をもあわせもつ水辺空間の創出を意図している。

　現在竣工しているのは、第一期工事区間のうちの150mである。第一期工事ではさらに護岸の復原区間を延伸すると同時に、運河の焦点でありかつ油津の市街の中心ともなるオープンスペース（三角緑地）が整備される。この三角緑地には、飫肥杉を用いた屋根付きの木橋が設置される予定である。

事業主体：宮崎県 油津港湾事務所
　　　　　日南市
所在地：宮崎県日南市油津
設計監修：篠原 修
総合調整：社団法人日本交通計画協会
計画調整：アトリエ74建築都市計画研究所
　　　　　（佐々木政雄）
設計：［全体］小野寺康都市設計事務所
　　　　　（小野寺 康、緒方稔泰）
　　　［ストリートファニチュア］
　　　　ナグモデザイン事務所（南雲勝志）
　　　［石積調査・修復設計］
　　　　文化財保存計画協会（矢野和之）
　　　［下部工］八千代エンジニヤリング
設計期間：2002年～

■堀川運河一部供用区間
施工期間：2002～2003年
　施工：若吉建設、河野建設
　諸元：［石垣修復］現存石積再利用、
　　　　諫早産砂岩
　　　［歩道／広場］飫肥石切石舗装、
　　　　飫肥石骨材洗い出し舗装
　　　［ストリートファニチュア］鋳鉄
　　　　製照明注、鉄無垢材転落防止柵、
　　　　防水型フットライト（鋳鉄製）

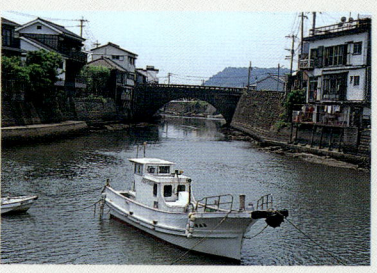

プロムナード全景

堀川橋

旧堰と河畔林を生かす河川空間の造形
[宿毛・河戸堰／松田川河川公園]

宿毛・河戸堰／松田川河川公園

松田川河川公園

河畔林

(旧堰)

河戸堰

Site Plan
Scale 1/3000

河畔林付近の護岸と河戸堰

Key Plan

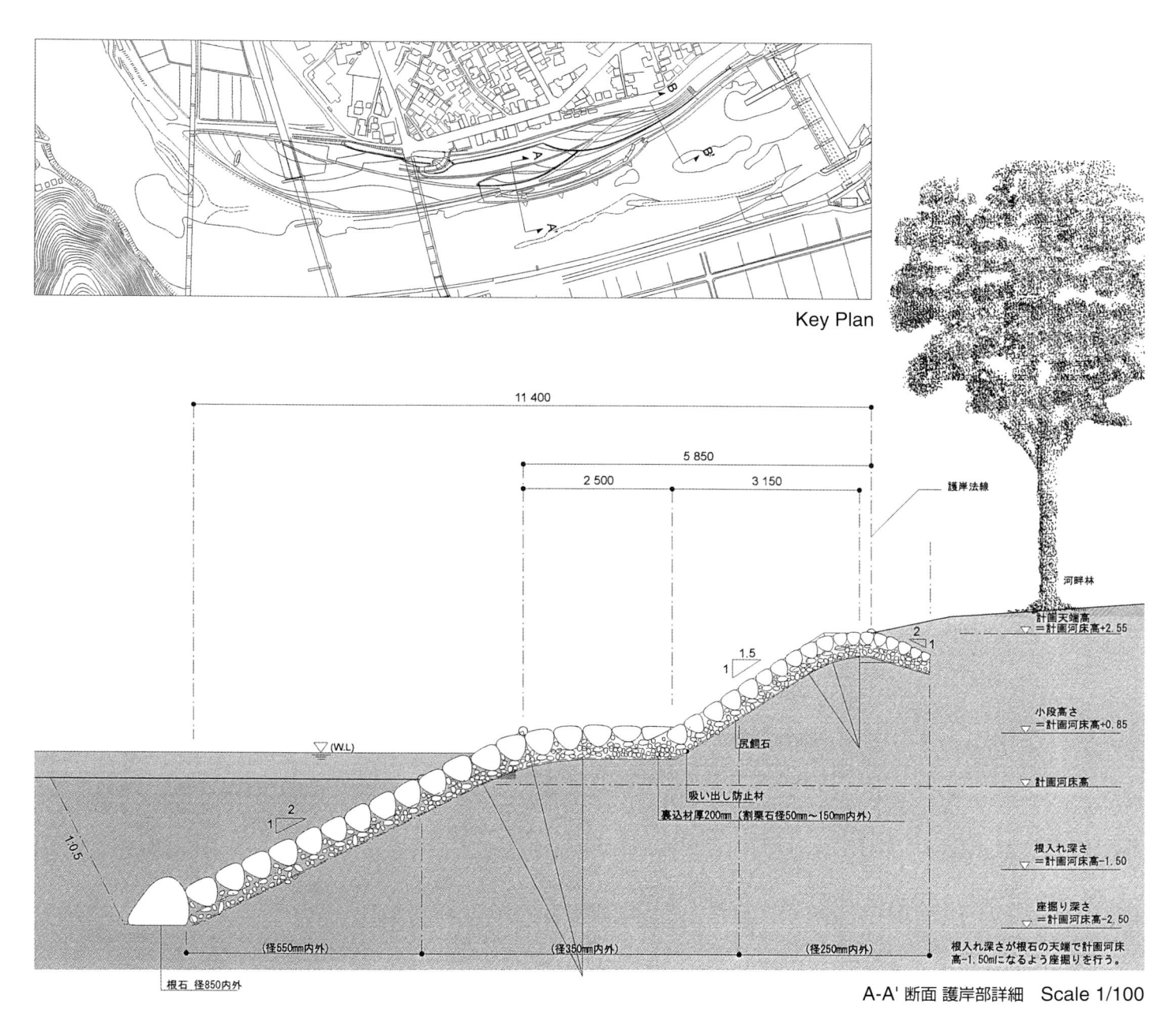

A-A' 断面 護岸部詳細　Scale 1/100

- 11 400
- 5 850
- 2 500
- 3 150
- 護岸法線
- 河畔林
- 計画天端高 ＝計画河床高+2.55
- 小段高さ ＝計画河床高+0.85
- 計画河床高
- 根入れ深さ ＝計画河床高-1.50
- 座掘り深さ ＝計画河床高-2.50
- (W.L)
- 尻飼石
- 吸い出し防止材
- 裏込材厚200mm（割栗石径50mm～150mm内外）
- (径550mm内外)
- (径350mm内外)
- (径250mm内外)
- 根石　径850内外
- 根入れ深さが根石の天端で計画河床高-1.50mになるよう座掘りを行う。

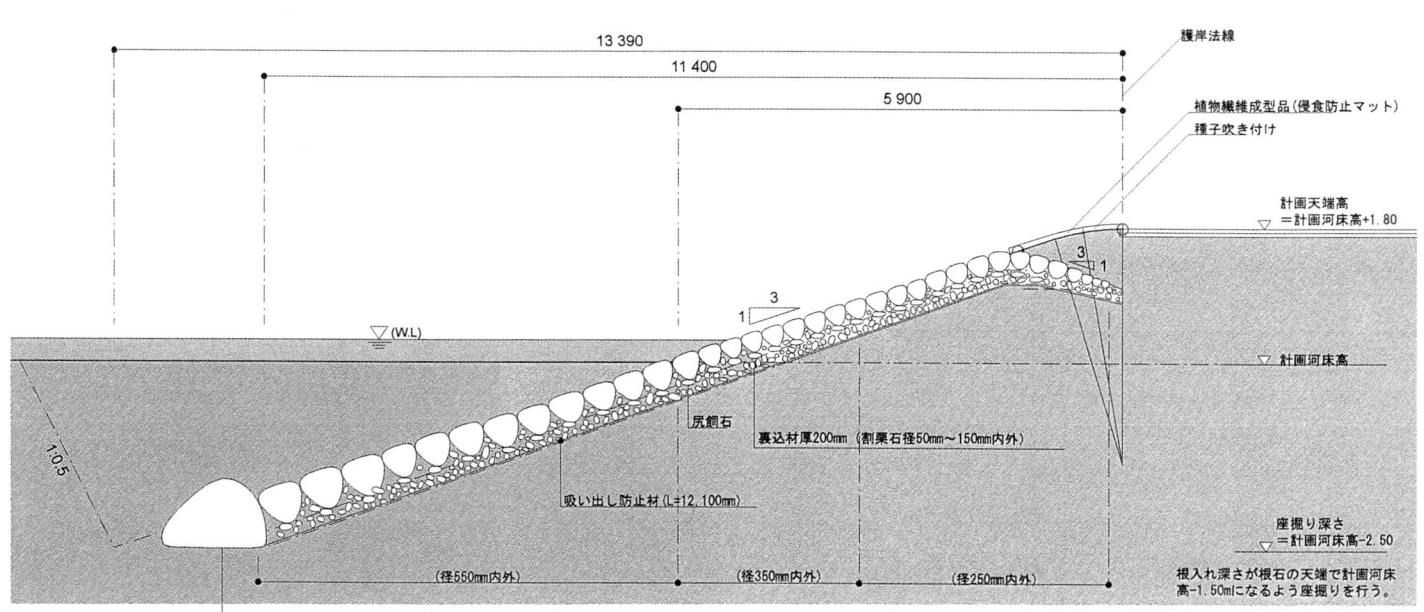

B-B' 断面 護岸部詳細　Scale 1/100

- 13 390
- 11 400
- 5 900
- 護岸法線
- 植物繊維成型品（侵食防止マット）
- 種子吹き付け
- 計画天端高 ＝計画河床高+1.80
- 計画河床高
- 座掘り深さ ＝計画河床高-2.50
- (W.L)
- 尻飼石
- 裏込材厚200mm（割栗石径50mm～150mm内外）
- 吸い出し防止材（L=12,100mm）
- (径550mm内外)
- (径350mm内外)
- (径250mm内外)
- 根石　径850内外
- 根入れ深さが根石の天端で計画河床高-1.50mになるよう座掘りを行う。

堰を上流側から見る

ゲートの落水表情

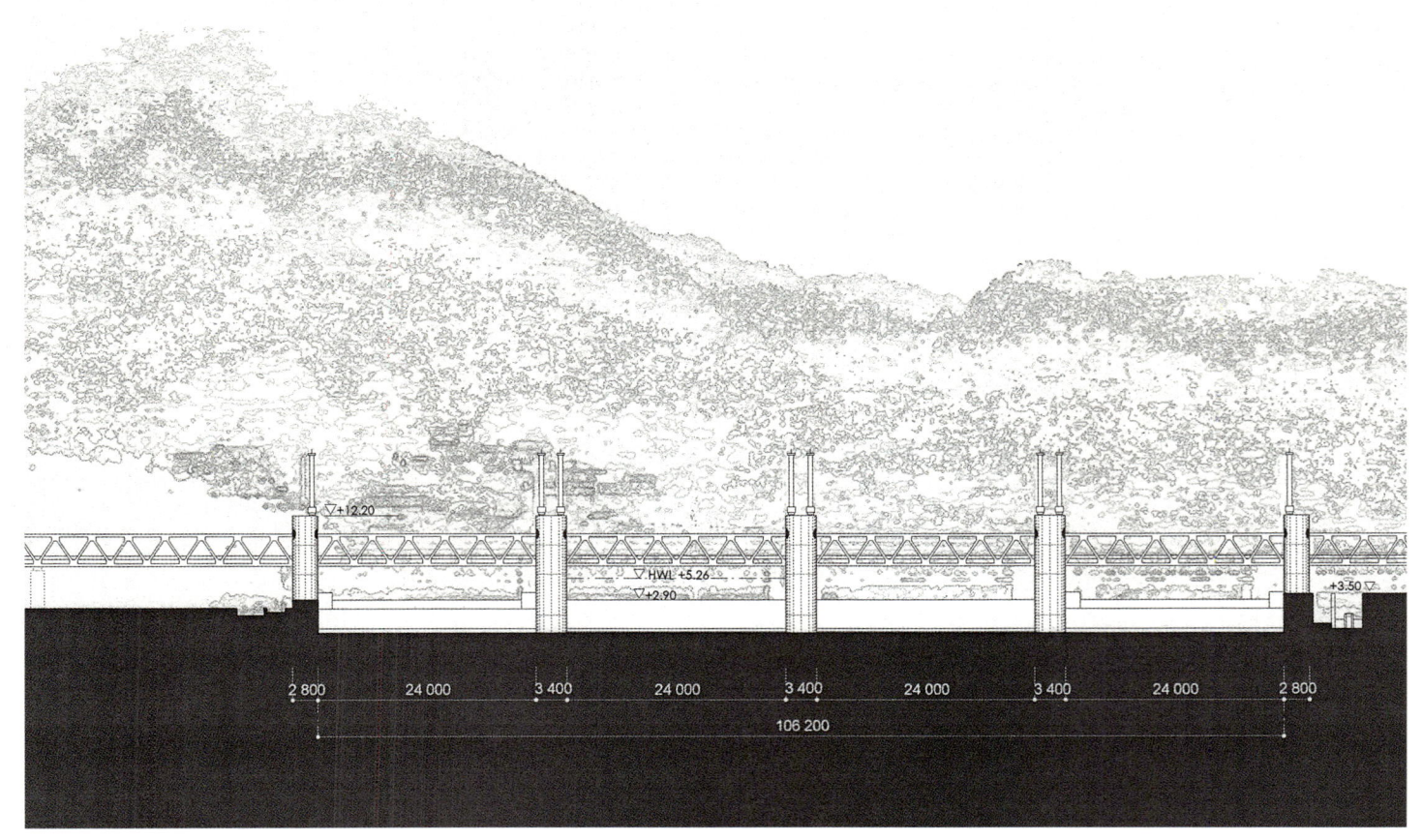

河戸堰 正面図　Scale 1/800

保全された河畔林とその前面の護岸

空石積み護岸の施工

写真提供：崎谷浩一郎（上左）、中井 祐（上右・下）

● 可動堰のある風景のトータルデザイン
――宿毛・河戸堰／松田川河川公園

　宿毛は、高知県の西端に位置する人口2万4,000人ほどの小さな市である。その宿毛市街地の縁を流れる松田川の河口近くにある堰の改築と、堰の直下流右岸側の河川敷公園のプロジェクトである。

　土佐藩家老・野中兼山によって17世紀中頃に築かれたとされる旧河戸堰（固定堰）は、ゆるやかに湾曲する平面形と、堰体の上を全面越流する水の表情が美しい堰であった。いつからか子どもたちの恰好の遊び場となり、市民にとってはふるさと宿毛を代表する風景となっていたが、1993年、治水上の必要から可動堰への改築が決定した。住民の強い要望によって旧堰の一部を現地に保存し、地元の歴史名所である高床式の「浜田の泊屋」を模したデザイン原案が定まっていたのだが、設計はこの原案を見直す形で進められた。まず旧堰の保存箇所との位置関係を考慮して新堰の位置を再検討し、保存された旧堰で子どもたちが変わらず快適に遊ぶことができるように、堰全体を上流側に移動した（原案では、旧堰の保存箇所に管理橋の橋脚が立ち、その上空を橋桁が覆っていた）。また、ゲート昇降のための機械室を堰柱内にコンパクトに収めることのできる油圧式ゲートを採用し、さらにシンプルな形で量感に富む堰柱との対比を意図して、管理橋は軽快なトラス橋とした。可動堰の設計は制約条件が厳しく、形の操作の自由度はきわめて低いのだが、可能な限り単純で明快な構成とすることによって、嫌みなく風景になじませることを意図したものである。

　可動堰の下流右岸側の河川公園は、住民参加によるワークショップを経たデザインがなされている。主な特徴は、既存の河畔林を保存してそれを公園全体の核となる空間に位置づけ、さらに高水敷に大きく盛土をして河畔林と堤防とを直接結ぶスロープを設けていることである。この2点を実現するために、河畔林と盛土が洪水の流下に対して阻害とならないように護岸の平面形と高水敷のレベルを調整し、不等流計算によって検証を行うという作業を幾度も繰り返している。また、景観と環境の観点から、裏込めにコンクリートを打設する練積み護岸ではなく、堰に近接する一部区間を除いてすべて空積みとし、柔らかい印象の護岸を実現している。

　可動堰と河川空間をトータルにデザインしているという意味で、国内に類例をみないプロジェクトである。

■河戸堰
事業主体：高知県 宿毛土木事務所
所在地：高知県宿毛市和田
設計指導：篠原 修
設計：日本建設コンサルタント（遠藤敏行、森 勇）、アブル総合計画事務所（中井 祐）
設計協力：清水建設 景観デザイングループ（畑山義人、隠田知則）
施工：大旺建設、四国開発、竹村産業、所谷建設、伊与田組、三菱重工、JFE、酒井鉄工所
設計期間：1994～1996年
施工期間：1995～2004年
構造：[堰] 油圧シリンダー式可動堰
　　　[管理橋] ポニー型単純ワーレントラス5連＋2径間連続ポニー型ワーレントラス
規模：堰長106.2m、可動部堰長96.0m、ゲート高3.2m、管理橋幅員5.5m

■松田川河川公園
事業主体：高知県 宿毛土木事務所
　　　　　宿毛市
所在地：高知県宿毛市宿毛
設計監修：篠原 修
設計：中井 祐＋eau（崎谷浩一郎）、西和コンサルタント（松岡栄二）
設計協力：小野寺康都市設計事務所（小野寺 康）
石積指導：福留脩文（西日本科学技術研究所）
施工：竹村産業、石崎建設、伊与田組
設計期間：2002～2003年
施工期間：2003～2004年
諸元：[護岸] 自然石空積み（3割勾配、1割5分勾配）、一部自然石練積み
　　　[園路] マサ土舗装、一部ソイルバーン

コラボレーション・デザインの軌跡

篠原 修

1986年、松戸・広場の橋からデザインの仕事に係りはじめた。以来ほぼ20年間、ダボハゼのごとくに橋、川や堰、道と広場、ダム、駅などの仕事をこなしてきた。何ゆえにかくのごとく見境なく手を出してきたのかと聞かれれば、その答えはつぎのふたつとなる。

一に、すべての土木の仕事がデザインの対象たりうることを証明したかったからである。わが国においても橋だけは戦前からデザインの対象たりうると考えられてきた。今も一部の橋梁のエンジニアにはその自覚があり、市民にもあの美しい橋は誰が（大抵は建築家と誤解しているが）設計したのだろうかという関心がある。橋以外の、例えば川の護岸、落差工、ダム堤体、鉄道の高架橋や駅前広場などは、デザインとは無縁の、機能さえ満せばよいものと考えられてきた。この情況を打破したかったのである。

二に、土木におけるデザインと景観を担ってきた第一世代の人間として、土木のさまざまな分野に携わる後進の者たちへ向けて、その道筋を切り拓いておきたいと思ったからである。君の分野においてもデザインは必要であり、また可能なのだと伝えたかったのである。

さて、1986年、40歳になってからはじめた僕のデザインには、顕著なふたつの特徴がある。

その一は、僕が風景からデザインに入ったことに起因している。僕は、人間の諸行為が自然の営為と織りなされて成立する、つまりトータルな結果としての風景を最も重視する。それゆえに、僕のやり方は、例えば対象が橋なら、それは橋のデザインであると同時に、橋を含む風景のデザインを志向することにならざるをえない。対象が川の護岸であっても堰であっても、ほかの何であっても、この事情は変わらない。つまり、直接のデザイン対象が何であれ、僕のデザインはそれが風景デザインであることにおいて一貫しているのだ。

その二は、通常の建築家やデザイナーのようなデザインのトレーニングを全く受けず、また事務所という手足を持たない僕のデザインは、線を引き、模型をつくる専門家たちとのコラボレーションとならざるをえない宿命下にあるという事実である。したがって僕のデザインの質は、コラボレートするエンジニア、アーキテクト、デザイナー、プランナーなどの力量によって左右されてしまう。だから僕の仕事は、自分の思い、こだわる点をいかに相方に伝えるか、またどうやって相方が持っている潜在的な力を引き出すかの努力に注がれることになる。

さらには相方にはどういう人間を選べばよいか、より発展的にはどういう人間を組み合わせてデザインチームを結成すればうまくいくかを考えることに費やされてきた。今、これまでの仕事を冷静に振り返ってみると、僕のデザイン行為とはそういうことだったのだと了解する。

このようなコラボレーションの様態から、ここ20年の仕事を、強いて図式的に整理してみると、次の4期に分けることができる。

第Ⅰ期はアドヴァイザーとしての僕が居た初期である。このころはほかの土木(橋)の専門家とともに、コンサルタント

やデザイナーに、やや控えめに自分の意見を述べていた。松戸・広場の橋や江戸川区の大杉橋を手掛けていた時期である。これらの仕事には今考えると満足のいかない点が多い。何よりも経験不足があり、それゆえに自己の主張を強く押し出せない弱さがあったためである。

第Ⅱ期目に入ると、作業を担当するコンサルタント、設計事務所に対して、それがあらかじめセットされていたか、自分で選んだかにかかわらず、設計指導というかたちで、自分を出していくようになる。本書に掲載した勝山橋、朧大橋、津和野川などのプロジェクトがそれであり、ほかには陣ヶ下高架橋、東京駅高架橋などがそれにあたる。

第Ⅲ期は設計監修の時期である。いささかの経験を積んだこの時期になると、まかせておけば大丈夫という腕のいい人間を引っ張ってきて、大局的な視点から彼らのデザインをチェックすることが中心となる。本書の桑名・住吉入江、宿毛・河戸堰などがこれにあたる。

Ⅳ期にはプロジェクトがより総合的になって、多種多様なデザインを全体としてまとめあげる統括の時期ということになる。そこには、まとめ役、事業主体との交渉役としての僕が居る。本書では苫田ダム、油津・堀川運河がそれにあたり、ほかには今、動いているものに土讃線・高知駅、函館本線・旭川駅などがある。

このようにコラボレーションをやってきた僕のデザインの意義を、僕個人にとってのそれではなく、社会的な意義として考えるとどうなるのだろうか。このやり方こそが風景デザインの正道であり、都市デザインの本流である、と僕は考える。なぜなら風景や都市は一個のデザイナーやプランナーによって成るものではなく、そこに参画するさまざまな人間の志と努力によってはじめて成り立つものだと考えるからだ。そう考えれば、1960年代のアーバンデザインがなぜ座折したのかを理解するのは容易である。そこでは都市のデザインが一個の建築のデザインの延長線上にあるかのように考えられていた。その典型は丹下健三による「東京計画1960」だった。風景や都市は、コラボレーションのデザインに拠るほか、その成就への途はないのである。

そのコラボレーションの潮流は、本書に掲載したプロジェクトが示す熱意ある事業主体と志を持つ専門家の枠を超えて、今まさに、石工、大工、鋳物、木材組合などの地元の専門家をも加えたコラボレーションへ展開しつつある。また、自然保護、まちなか活性化などを標榜する市民NPOとのコラボレーションへ発展しつつある。

このコラボレーションの輪の広がりを、高度成長時代以降の経済、効率優先の結果としてのわが国の現在、崩れゆく都市、疲弊した田園、荒れ果てんとする国土を、再生する救世主としなければならないと思う。いまだデザイン途上にあるがゆえに、本書には紹介できなかった一層の広がりを持つ連続立体交差事業をテコとする駅とまちづくりのプロジェクト（旭川、高知、日豊本線・日向市駅、山陽本線・倉敷駅）や、まちぐるみの都市再生プロジェクト（福井県勝山市、石川県加賀市、三重県鳥羽市、東京都青梅市など）の紹介については、後日の発表を期したいと思う。

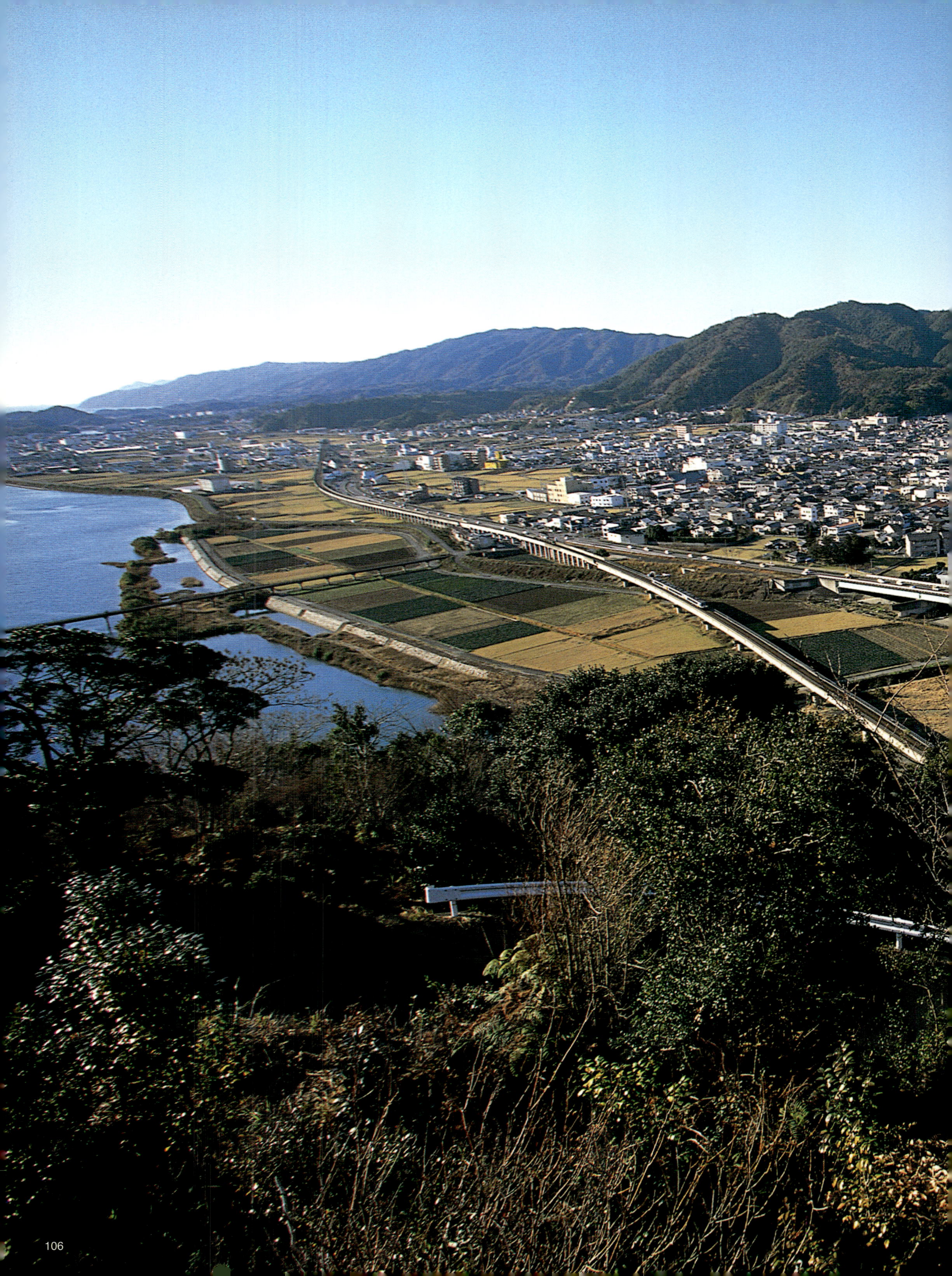

宿毛市街俯瞰、右上に河戸堰と河川公園

風景への意志
中井 祐

師・篠原修

　篠原修が、自身はじめてのデザインの仕事、松戸の広場の橋・森の橋を手がけたのは、1986年、東京大学の農学部林学科に助教授として赴任した年である。当時40歳、それまでデザインの経験はなかったという篠原は、今でも当時のことを「四十歳の手習いだったよ」と笑う。

　私は同じ1986年に東大に入学し、1年間の留年の末、1989年に工学部土木工学科（現社会基盤学科）に進んだ。するとその年（ちょうど松戸の橋が竣工した年でもある）の秋、篠原が土木工学科に戻ってきた。名の通った土木デザイナーとして、ではない。その頃はまだ、研究のプロではあっても、デザインについては手習いをはじめたばかりの篠原であった。縁あって卒業研究の指導を得るようになり、以来16年、気がつけば東大土木の篠原門下生のなかで、現在東北大学にいる同期の平野勝也君とともに一番の古株になる。

　大学院を修了した私は、アプル総合計画事務所、東京工業大学の助手を経て、1998年から東大景観研究室の助手として篠原の下で働くこととなった。以来傍らで篠原のデザインの仕事を眺め、あるいはともにデザインに携わる機会を与えられてきた。したがって私は、篠原に多大な学恩を受けたというだけでなく、土木デザイナーとしての篠原修の歩みをそのはじまりから現在まで、結果的にもっとも身近なところで見てきた一人なのだと思う。

　この小文では、特に記憶に残る篠原の仕事にふれながら、その風景デザインの諸相について記してみたい。もとよりその全貌を描ききれるものではないが、ともすれば篠原の仕事の仕方やその成果が、単純に東京大学教授という立場や人間性に結びつけて語られ、あるいは片づけられがちななかで、常に風景へと向かう強い意志であるところの師・篠原修を、その一端でも書きつけておきたい、と思うのである。

津和野川の経験

　篠原のデザインの現場に直にふれた最初は、津和野川のプロジェクトである。確か1991年の冬、修士課程の1年に在籍していた私は、同級の立川貴重君とともに、設計者の岡田一天さんの事務所で、津和野川の模型づくりのアルバイトをしていた。

　たまたま篠原と岡田さんの打ち合わせを傍らで聞いたときの記憶は鮮明である。二人は、川に隣接している養老館という旧藩校の裏庭を河川区域にとりこみ（つまり河川用地として買収し）、養老館から水辺へと至るゆるやかな芝生のスロープを生み出す算段を議論していた。篠原は右手で空にスロープの形を描きながら、微妙な起伏を伴うアースデザインのイメージを、岡田さんに伝えようとしていた。私はその右手を目で追いながら、そんなに簡単に余所の敷地が手に入るものだろうか、と素朴な疑問を抱いていた。

　その後、事業者である島根県と、篠原、岡田さんとの間でどのような議論が交わされたのかは知らない。きっと、紆余曲折あったことと思う。しかし結局、養老館の敷地の川に面した一角は、養老館の庭であると同時に津和野川の一部となり、地元の人はもちろん津和野を訪れる旅人たちは、今は町から養老館を抜けてそのままのびやかな川辺にたたずむことができるようになった。町と養老館、そして津和野川は、ひとつながりの空間になったのである。

　素直に考えてみれば、養老館の敷地を川にとりこもうとした篠原の発想は、ごく平凡なものである。川と、川に隣接する庭や建物とを一体で考えたほうが、いい空間が生まれるに決まっている。しかし、私たちは通常、所有区分だとか管理区分という境界の存在によって、この平凡な発想を口にすることを事実上禁じられている。たとえば川の場合は、治水の要件から定められた河川区域という境界によって囲い込まれ、川のデザインはこの境界の内側だけで処理することを強いられる。個々の建物にしても、事情は同

じである。川と一体的に住宅や庭を設計することなどできないし、逆に川の側から住宅を建てる人に、「川をよくするために、これこれこういう設計にしてください」などと口を挟むことも、まず不可能である。

「余所様に口を出せない」は「自分の領分には口を出すな」と同義である。河川や建物だけではない。道路、橋、鉄道、海岸、港湾、公園、農地、森林。それぞれの「個」が他者との関係には目もくれず、それぞれの専門家が、それぞれの内部の論理で完結する構造物や空間をつくり続けている。「お隣同士、一緒に考えましょう」という言葉が白けて聞こえるほど、今の日本の空間は、風景は、それぞれの「個」の自己都合の寄せ集めと化してしまった。

道路や河川や建物などの「個」は、それぞれが自覚していようがいまいが、否応なく風景の一部となる。「個」それぞれの自己都合、相互不干渉主義、いや他者に対する無関心を打破して、お互いの、あるいは周囲の環境との関係を編みあげていかない限り、良好な風景は生まれない。この考えが、篠原の風景への意志の、強固なベースとなっている。

篠原は津和野川において、治水のためではなく純粋に空間・風景のために設計の前提条件である河川区域を変更し、養老館の敷地と川とを一体化してしまった。空間を相互に関係づけていくうえでもっとも単純でかつ効果の高い、しかし一方では現実的困難が大きい方法である。発想は至極平凡ではあるけれども、実現したこと自体が稀有である。

津和野川（養老館付近）。芝生のゆるやかな斜面が、旧藩校の養老館の庭と水辺とをつなげる。空間を相互に関係づけていく風景デザイン

松戸・広場の橋。高すぎず低すぎず、ほどよいフォーメーションの設定が、橋の形だけでなく、公園の空間全体の基調をなしている（設計：パシフィックコンサルタンツ）

前提条件から考える

　篠原は、面と向かって学生に教えを垂れる、ということを滅多にしない。「自分は教師には向いていない」が口癖だから、きっと気恥ずかしいのである。その篠原が折りにふれて（多くの場合、酒席で）口にするのが、「具体のデザインの前に、まず前提条件を変えることができないかを考えるんだよ」という言葉である。これを訳せば「どうすれば（他者と）良好な関係性を構築できるかをまず考えなさい」という教えになる。もちろん、津和野川における自身の成功体験に基づいているのだろう。

　設計の初期条件として与えられる数々の制約や前提は、ほとんどの場合、空間や風景の論理とは縁もゆかりもなく定められた、いわば「個」の自己都合である。したがって、与えられた前提条件を鵜呑みにしたデザインは、どんなに工夫を凝らしたとしても、結局は「個」の内側で考えることの限界から逃れられず、そのデザイン行為のベクトルは風景の創出へは向かっていかない。

　まず前提条件を再考するという篠原の方法は、実は自身最初のプロジェクトである松戸の広場の橋において、すでに現れている。広場の橋は、松戸21世紀の森公園のほぼ中央を縦断する高架橋として計画されていたが、この橋の設計に際して最初に篠原が行ったのは、すでに決められていた橋のフォーメーション（縦断線形：ここでは特に橋の高さ方向の計画位置）の再検討である。

　広場の橋は、公園内のあらゆる場所から眺められる位置にある。また、公園利用者はこの橋の下をくぐることによって、橋で分断された公園内を行き来する。フォーメーションを高く設定すれば桁下空間の快適性は増すが、公園の各所から橋を眺めるときに、背景となる丘陵の緑より上方に橋がとび出してしまう。逆に低くすれば背景との馴染みはよ

初期の代表作である辰巳新橋。篠原のデザインとしては珍しく、シャープな存在感が印象的な橋である。三木千寿（東京工業大学）と共同で設計指導（設計：高島テクノロジーセンター）

いが、橋をくぐるときに橋桁が頭上に迫り、不快感が増す。

　篠原がまずフォーメーションを見直したのは、背景との馴染みを欠くことなく桁下空間の快適性を確保できる橋の高さを見出すためである。三心円の形を有する擬似アーチの側面形状も、心理的にくぐりやすいからという理由で決められたという。

　つまり広場の橋は、単なる道路構造物としてではなく、公園内の空間的装置（篠原は「トンネル」として考えた、と述べている）として構想されている。通常の橋の専門家であれば、橋の構造や形の決定の根拠はあくまでも構造や施工上の合理性、すなわち「個」の論理に求め、「公園内のトンネル」としてどうあるべきか、という発想は出てこない。もちろん、広場の橋の構造形式は擬似アーチの形を有する桁橋であり、形と構造の整合を欠いたフェイクのアーチ橋という点で、橋のデザインとしての完成度にクレームがつくことは否めない。しかし、橋のあり方を「個」の論理（構造や施工上の都合）の内部に閉じこもって考えることなく、前提条件を再考して橋をトンネルとみなし、公園と空間的に関係づけて思考している点において、実に篠原らしい仕事であると私は思う。

　これまでいくつかのプロジェクトで、議論の末に前提条件の変更をなしおおせた篠原が、「これで6割方うまくいった」「ぼくの役割はだいたい果たした」とニコニコしている姿を目にしてきた。おそらく松戸の橋の場合でも、路面の計画位置を変え、トンネルとして適した形を見出した時点で、同じようにニコニコしていたのだろう。篠原にとって前提条件から考えるということは、内部の論理や自己都合に引きこもりがちな「個」を他者に対して開き、風景の創出へと向かう軌道に乗せる、もっとも大切な作業である。そして実際にこの作業によって、多くの橋や川や道路など

の土木プロジェクトが、風景のデザインプロジェクトへと、その意味を変えてきたのである。

素人と専門家

篠原は図面やスケッチを描かない。いや、本人は「描けないから」と笑うだろう。篠原は大学の修士課程を修了したあと、3年あまりアーバンインダストリーというプランニングの事務所で仕事をしていたから、計画系の図面を描いた経験はあるはずだが、デザインの修業を経てはいない。それが、「ぼくはデザインは素人だから」という口癖の理由になっている。

つまり、篠原は自ら細かいデザインはできない。建築のプロフェッサー・アーキテクトとは違って、自分で設計するための手兵（設計事務所）を有しているわけでもない。したがって自らは前提条件の再設定、つまり関係性構築の方向性を定め、その方向に向かってプロジェクトを的確に導いていくディレクターの役割に徹し、細かい設計はすべて、構造エンジニアやデザイナーに任せるのが常である。設計の内容が気に入らないとき、頑張ればもっと良くなるときはしつこく意見を言うけれども、我を張って自分の言いなりに設計させるようなことは絶対にしない。

このことは、篠原のデザインの完成度は、実際に図面を引くエンジニアやデザイナーの姿勢や力量に負っていることを意味する。そのためか、デザインの仕事に関わりはじめた最初の頃は、特に細かい部分のデザインの出来にムラがあったように思う。

もっとも、大局的に見て方向性が正しければ、ディテールに多少難があっても致命的欠陥とはならない、というのが篠原の基本的なスタンスである。もちろんそれはそれで正しいと思うのだが、たとえば松戸の橋に次ぐ初期の代表作である辰巳新橋のように、全体の形をこだわって仕上げていても、最後に人の身体が橋と接する部分である高欄や舗装のデザインを軽視してしまったことは、篠原の不覚、というよりデザインの経験不足を露呈したと言われても仕方がないだろう。

私はまだ20代の頃、篠原の仕事を写真で、あるいは実際に見て、風景として見るべきものがあることは認めるが、どうもあか抜けない、上手さに欠けるデザインという印象を拭えなかった。無造作なおさまりも目についた。

今でも、当時のデザインを「上手い」とは思わない。しかしいつのことだったか、何かのプロジェクトで一緒になった市民の一人に、「素人は、ものの良し悪しはわかる。しかし、なぜ良いのか、なぜ悪いのかはわからん。それをわかっとるのが専門家だろう」と言われたことがある。そのとき、「ぼくはデザインは素人」という篠原の口癖の奥に潜んでいる意味が、わかった気がしたものである。

素人は、デザインの結果のみを素直に見てその良し悪しを感じとる。デザインテクニックの上手下手などわからないし、そもそもそんなことに関心はない。一方専門家は、専門知識や現実的な制約条件をもとにさまざまな理屈を組み立てて、専門的判断を積み重ねてデザインしていく。そして、プロとしてもっとも知恵と工夫と経験を要するのはディテールだから、細部のしっかりしたデザインは専門家の受けはよいし、上手いという印象を与えやすい。

おそらく「デザインは素人」という口癖は、専門家にしかわからないテクニカルな部分に拘泥し、あるいは技倆を表すことや自己表現そのものが目的化し、素人感覚から遊離していきがちな専門家のデザインに対する一種の批判、もしくは警鐘でもあるのだろう。われわれの仕事は素人のための空間や風景をつくることであり、専門家が腕を見せるためのものではないからだ。篠原は、素人感覚を失わない専門家であることを、常に自らに課している。

しかしだからといって、細部を軽視してよいわけではない。篠原も、辰巳新橋の高欄にはやはり悔いが残ったのだ

ろう、その後の仕事では大野美代子さんや南雲勝志さんといったデザイナーとチームを組むようになり、細部の拙さをあっさりと軌道修正してしまった。その成果は謙信公大橋や勝山橋に明らかであるが、特に南雲さんと組みはじめてからの篠原は、まさに水を得た魚といった風である。篠原にとって南雲さんは、素人感覚にきちんと応えつつ、専門家が見ても質の高いデザインを実現できる、数少ないデザイナーの一人である。篠原の今や欠かすことのできないパートナー、内藤廣も、もちろんそういう建築家である。

カタツムリみたいだから

　素人感覚について、もう少し書きたい。
　たとえば建築家の文章はわかりにくい、と言われる。確かにわかりにくいのだが、いろいろと建築家の作品解説を読んでみると、共通する一定のパターンがあるように思う。実際の設計がどうかは知らないが、たとえば「建築とは何か」とか「建築の価値とは」「新しい空間の形式とは」といったきわめて普遍的な問いが根底にあって、それぞれの作品解説はこの問いに対する建築家なりの個別の答えとして述べられている、あるいは少なくともそういう風に読める、ということである。建築という価値の普遍性を個別に具体化する行為が建築設計であり、さらにそれを言語化するのが作品解説、という図式なのであろう（あるいはそういう図式を主張することが、建築ジャーナリズムで生き残っていくうえで必要、ということなのだろうか）。
　もちろんそれ自体は悪いことではない。結局は個別的行

謙信公大橋。ライズをおさえた大小2連のアーチが川のスケール感をひきたたせる。勝山橋、朧大橋とともに、篠原の「アーチ3部作」をなす代表作（設計：長大＋大野美代子）
写真：三沢博昭

為にすぎない自らのデザインの本質を問うたり、あるいはそこに普遍的な意味を見出したいとする欲求自体は、ごく自然であるからだ。ただ少なくとも素人は、建築の普遍性などに興味はない。たまたま自分が訪れた建物が美しく、気持ちのよい空間でまわりの風景にもマッチしていて、素直に「ああ、いい建物だなあ」と実感できればそれでよい。たいていの素人にとって建築はあくまでも形而下の存在であり、また形而下の世界の言葉で評価する対象である。

　もちろん篠原も研究者として、なぜ人間は風景を価値あるものとして眺めることが可能なのか、という一般的な問いに対する答えを追究してきたし、今もしている。しかしデザインの現場での言葉は、「もう少し橋の高さを下げれば背景との馴染みがよくなる」「この法面（のりめん）の勾配はもう少し緩くしたほうが、のびやかで気持ちがいい」「桜の並木を植えて、市民が花見をできる場所にしよう」「この形は愛嬌があって親しみやすいね」など、徹底して形而下の世界で組み立てられる。ときには少し俗なのではないかと思うことすらあるが、「今、ここにたたずんでいる人にとって、どういう空間や風景がいいのか」という思考が、常に起点となっている。風景という価値の普遍性を個別のデザインに表現するのだという肩肘張った姿勢は見えない。いわゆる建築家一般の作品や文章が、現代詩や現代音楽の類を思わせるとすれば、篠原のデザインやそれを語る言葉は、あたかもエッセイのような趣がある。篠原が追い求めているのは、あくまでも人間の生の実存的な部分を支える風景である。

　こんなこともあった。

　私がアプル総合計画事務所のスタッフとして働いて3年目のこと、高知県宿毛の河戸堰という可動堰のデザインプロジェクトを担当した。篠原は県からデザインアドバイスを依頼されていた。清水建設の景観デザイングループ（当時）とチームを組み、さんざん議論したが、最後の形のところで意見が合わない。結局チームのメンバー数人がそろっ

左／宿毛の「カタツムリ」、河戸堰。油圧式のゲート開閉システムの採用により、従来にないシンプルな形の可動堰を実現した
右／レンガの質感が水面に映える浦安の境川。篠原が小野寺・南雲コンビと組んだ初期の代表作

て篠原のところに出かけ、模型やスケッチを並べてどれがよいか意見を仰いだのだが、そのとき篠原は私の案を選んだのであった。

設計を終えてしばらくした頃、いつものように酒を飲みながら、なぜあのときぼくの案を選んだのですか、と聞いたことがある。論理的な返答を内心期待していた私に向かって、篠原は例によってニコニコしながらヌッと頭の両側に両手の人差し指を突き立て、「だって、カタツムリみたいじゃないか！」と言ったのである。カタツムリをデザインしたつもりなど毛頭なかった私はかなり面食らったのだが、要は形に愛嬌がある、と言いたかったのだろう。

篠原にとって、毎日それを眺める人たちのためのデザインの要点、それは親しまれる風景を生むことができるかどうかということだ。もとより、低俗に堕すことなくそれを実現するのは容易ではない。「カタツムリみたいだから」は、河戸堰のデザインに対する褒め言葉なのである。

篠原の最近の仕事を思い出しても、朧大橋は「月夜に飛び跳ねるウサギ」のようだと言われ、同様に勝山橋は「恐竜の背骨」（もしくは「ブラジャー」）、謙信公大橋は「大亀、子亀」と呼ばれているそうだ。もちろん設計意図とは無縁に、周囲が勝手にそう呼ぶのである。この話になると、篠原はいつも嬉しそうな顔をする。

小野寺・南雲コンビ

現在篠原がもっとも信頼を寄せているのが、都市デザイナーの小野寺康さんと、プロダクト・デザイナー南雲勝志さんとのコンビである。篠原と、この二人が近しく仕事をともにした初期の代表作が、浦安の境川である。そして境川以来、都市の水辺や街路空間、広場のデザインのジャンルでは、小野寺・南雲コンビは第一人者としての地位を築きあげつつある。

境川のデザインでは、厳しい河積条件をクリアしつつ一

苫田大橋。特徴的な橋脚の形とコンクリートの質感が、ダム湖の風景のアクセントとなる
写真：平野暉雄

定間隔で向かい合う水際のテラスを実現していることに、専門的見地からは評価すべき点があるのだが、素人感覚で言えば、やはり目を惹くのは護岸のレンガ、鋳物の手すりとボラード、土を思わせる感触のペーヴメントであろう。

レンガ貼りの護岸は、「なぜ浦安にレンガ？」という意見が大勢を占めるなか、小野寺さんがこだわって実現したものである。篠原が委員長を務めたデザイン検討委員会でも意見はレンガに集約されず、結局異なる素材でつくった3種類の実物のサンプルを一定期間現場に並べてみて、委員だけでなく市民の意見も聴いた結果、小野寺さんが推奨する常滑産のレンガを用いることに、誰もが納得したという経緯がある。

手すりとボラードは南雲さんの手になるデザインである。形は非常にシンプルで水の眺めを阻害することなく、しかし近寄ってみると思わず撫でてみたくなるような触感に富み、端正な形のなかにもほのかな色気がただよう。

舗装はINAX社のソイル・セラミクスという製品で、土を高圧蒸気養生で固化させたタイルである。歩いた感触がとても柔らかく、外見も土を思わせるテクスチュアと色合いをもつ。境川では篠原の発案により、地場の貝殻を砕いて混ぜ込んだ特注品を使用している。篠原は、かつて東京湾に面した漁村であり、アサリ漁でにぎわった浦安の記憶を舗装に埋め込んだのである。

境川について何が言いたいのかというと、小野寺・南雲コンビにより生み出される空間の質は、第一に素材感によって支えられているということ、そして篠原が二人に篤い信頼を寄せる所以もそこにある、ということである。ツルツルで均一な色彩をもつタイルよりは、ざらざらとして色ムラのあるレンガ、冷たくシャープな印象のスチールよりはずっしりと触感に富んだ鋳物。そして地場の素材。篠原が風景に求めているのは、大向こうを唸らせる切れ味鋭いデザインではなく、長年かけて人々の日常の記憶がしみこんでいくような、落ち着きとぬくもりのある質感である。

小野寺さんという人は、決してテクニカルな意味で上手いデザイナーではない。むしろ、不器用で一本気の性格がそのまま空間のデザインに現れてくる。しかし、素材選びにかけるこだわりは半端ではない。メーカーや職人と議論をし、試作を重ね、納得のいくものが得られるまで妥協をしない。こうしてできあがる小野寺さんの一本気な、しかし質感に満ちた空間に、南雲さんのこれまたテクスチュアに富んだ、柔らかく色気のあるデザインが独特の空気を添

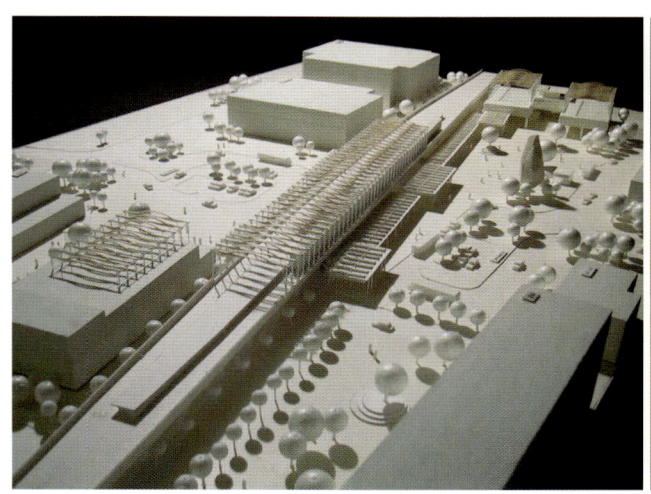

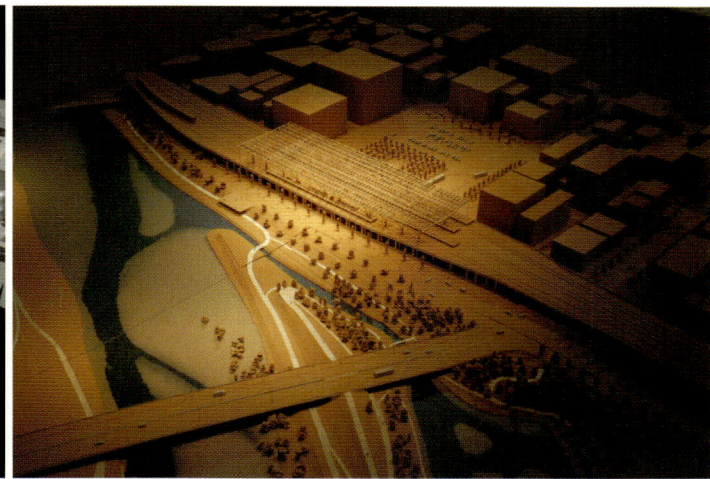

日向市駅および周辺地区整備(左)と旭川都市拠点地区(右)の模型写真。都市計画、土木、建築、造園、IDなどの諸分野のコラボレーションによって空間のトータリティの創出を目指す

える。この組み合わせが絶妙である。

　篠原は浦安の仕事でつきあって、これはよい、とピンときたのであろう。以後、重要なプロジェクトには欠かさずこのコンビを投入するようになった。桑名、油津、勝山、日向。ちなみに、レンガと鋳物だけではない。現在勝山では越前瓦、日向では地元産の杉を用いたデザインを展開中である。

連帯へ

　浦安以降、篠原は特定のエンジニアやデザイナーとチームを組んで仕事に臨むことが多くなった。それ以前でも、苫田ダムでは構造エンジニアの高楊裕幸さんや畑山義人さん、寺田和巳さん、水辺の岡田さんとチームを組んでいたが、最後になって建築の内藤廣を戦線に加えた。長崎常盤出島の橋梁群では、構造の寺田さんと、私の同期のデザイナー西村浩君。最近増えてきた駅の仕事やまちづくりに関わるプロジェクトでは、都市計画の佐々木政雄さんや加藤源さん、建築の内藤廣、歴史・文化財の矢野和之さん、そして小野寺・南雲コンビや西村君が篠原の部屋に集結し、ときにはそこに私や、後輩の福井恒明君が加わり、毎週のように議論を戦わせている(日向、旭川、鳥羽、高知、加賀など)。

　しかし、篠原のもとに馳せ参じるエンジニアもプランナーもデザイナーも、それぞれが一個のプロである。故なく集まってくるわけではない。彼らが篠原に寄せる信頼の源はやはり、その風景への強い意志にあると思う。

　風景の創出を目指して設計の前提条件を変え、関係性構築の土台を整えてしかるべきプロを集めてチームを組み、デザインに慣れず面倒くさいことには及び腰になりがちな発注者やコンサルタントのエンジニアの背中を押し、あるいはデザイナーにその実力を発揮すべく奮起を促す。常に風景へと向かう篠原の意志は、ときには想定外の困難にも直面するプロジェクトのさまざまな局面にあっても揺らぐことはなく、またその意志は、相手がデザイナーやエンジニアや建築家であれ、行政の担当者や首長であれ、あるいは市民であっても等しく注がれて、プロジェクトに一定の方向性と推進力を与える。だからひとかどのプロたちが、「デザインは素人」の篠原のもとに、勇んで集結するのであ

加賀市片山津地区の中心部に竣工した公園。ほどなくさまざまな水生植物が池の水面を彩る予定である

る。余人をもって代え難い、篠原の役割である。

篠原は最近、「連帯」という言葉をよく使う。どんなに能力があっても、個人でできる範囲には限界がある。「個」に閉じこもらずに連帯して事にあたれば、一人でやるよりもよほど多くのことをなしうる。自分ですべてをやろうとし自己表現に血道をあげる自分中心の個人主義は、篠原の思い描く風景デザインには不要である。強い個人が連帯することによって、バラバラになってしまった現代日本の風景にもう一度個々の結びつきを、他者との関係を取り戻すこと。篠原がやろうとしているのは、そういうことである。

粒状化する個人を救う

2002年から、石川県加賀市の片山津で篠原とともに仕事をしている。片山津は柴山潟という潟に面した北陸では有名な温泉街であるが、近年観光客が激減して町が活気を失っている。町の再生のためのデザインを、私たちは託されている。

昨年の秋、篠原の監修のもと西山健一君と私とでデザインした片山津の公園が竣工した(足湯の上屋は内藤廣の弟子である玉田源さんの、照明を仕込んだアルミ鋳物のスツールは南雲さんのデザインである)。この公園には、柴山潟の水を引き込んで浄化し、水生植物を育成してディスプレイするための小さな池を配してある。水質の悪化により減少し、あるいは消滅してしまった柴山潟の水生植物を町なかで育て、ゆくゆくは柴山潟に戻していこうとする試みである。柴山潟こそが片山津の命であることを町全体で再認識し、潟の環境を再生して潟を主役とするまちづくりを進めていく、その核としての公園をデザインしたのである。

公園のデザインは、市民との議論を重ねながら進めていった。すぐそばに本物の柴山潟があるのになぜ町の中心の公園に池が必要なのか、広場のほうがよいのではないか、と疑問を呈した市民がいる。正論であると思う。しかし一

方で、公園の工事がはじまった頃から、柴山潟からいくつかの水生植物を採取してきて、育成の実験をはじめた市民もいる。九谷焼の鉢に水生植物を植えて、それぞれ家の前で育てよう、水生植物を町の再生のきっかけにしていこうという動きも出てきている。町に変化が生まれつつある。

　県境をはさんで加賀市の隣に位置する福井県の勝山市においても、篠原がまちづくりに関わっている。勝山では、いつもの小野寺・南雲コンビによって、やはり市民との議論を積み重ねながら、町なかの水路を主役とする空間デザインが進められている。2005年の夏、手はじめとして小さな広場と水路が竣工した。以来、多くの市民が水辺の涼を楽しむようになった。今後は、かつて町じゅうの至るところに見られた水路（現在は蓋をかけられて暗渠となっている）が通りや街かどに復活し、再び水の風景の記憶が勝山の人たちの心の拠り所となっていくであろう。

　片山津、勝山だけではない。津和野、油津、鳥羽など多くの地方都市のまちづくりに、篠原は関わっている。そして篠原はまちづくりに関わるようになって以来、専門家と行政だけでなく、市民を巻き込んだ連帯をいかに実現していくか、というテーマを本格的に考えはじめたようである（なお市民との連帯とは、公共事業を進めるうえでの合意形成手法としての、いわゆる住民参加とは異なる。念のため）。

勝山市のほぼ中心部、清水のわき出る大清水へと続く水路沿いの小径。越前瓦の質感が、勝山の暮らしの風景の基調となる

市民との緊密な対話を重ねて完成した鳥羽市の「カモメの散歩道」。海の魅力の復権は、よりトータルなまちづくりへの第一歩である（設計：西村浩）
写真：バウハウス ネオ 後関勝也

　この連帯の試みの行き着く先に、篠原は何を見ているのだろうか。私はこのことを最近よく考える。例によって篠原は、自らの考えを諭すように弟子に語る、などということはしない。「君、そんなこともわからないのか」と言わんばかりに。

　当面私なりに得た結論は、篠原は、連帯による風景のデザインを通じて、現代の粒状化した個人（これは篠原自身の言葉である）を救い出せないかと思っている、ということである。もっとも「救う」という表現が適切かどうかはわからない。篠原は、大げさな理念やイデオロギーや社会的使命感といった類のものを自らの行動規範にするタイプではない。ただ淡々と、現代日本の風景を眺め、現代の個人を眺め、自らの風景デザインがもちうる現代人の生にとっての意味を、冷めた第三者的な眼で把えていると思う。

　たとえば、地域コミュニティが瓦解するなか、身近な他者との関係を通じて自己を定位しづらくなっている子供たち。厳しい競争社会にさらされながら、心の底では他者による無条件の情愛をどこかで求めている若者や企業戦士たち。否、大人子供を問わず、自由な個人、自由な自我を求めながらその実孤立して自分中心の世界へと沈殿してゆき、篠原が言うところの「寂しい個人主義」の海を漂う、無数の現代人。

　面倒くさいものである一方で、ときには温かく個人を守ってくれた地域の共同体は今や絶滅寸前で、誰に頼ればよいのかわからない無力感が拡がっている。こうした現代社会における個人の様相と、バラバラの寄せ集めである現今日本の風景、行き着くところまで行き着いた感のある「粒状化した風景」とが、何とぴったり重なることか。

　粒状化する個人と粒状化する風景、この二つの現象がパラレルであるとすれば、風景を救うことによって、個人が救われるということがあるかもしれないではないか。今や、かつての田園風景のように、人間が共同体として生きるか

たちがおのずと風景に結実するという幸福は期待できそうにない。しかし、共同体の、古き良き風景の復活は望めなくとも、個が連帯して一つひとつの風景をつくっていくことはできる。その地道な試みの積み重ねが連帯の風景を生み、粒状化した個人をその寂しさから救い出し、現代人の心のよすがとなる風景を取り戻せるかもしれない。

こんなあたりが、篠原が自らのデザインの仕事に託している思いなのではないだろうか。勝手な憶測にすぎないけれども。

見れどもあかぬ風景

篠原の手になる「見れどもあかぬ風景」という随想がある（篠原『土木造形家百年の仕事』所収、新潮社）。篠原は、海沿いの旅館の窓際で寄せては引く波の景色を眺め、そこに生命の躍動に通じる風景の力を見る。「いのちの躍動する見れどもあかぬ風景を見たい、そしてつくりたい」。そういう文章である。

私は、この「見れどもあかぬ風景」という言葉が好きである。眺めているだけで生きていることの実感が体の奥底からしみ出してくるような、そういう風景。うまく言えないのだが、ある風景に出会えたとき、ただそれをぼんやりと眺めているだけで、自分が今ここに生きているということが無条件に肯定されているような、不思議な感銘を覚えることがある。ある種の風景には、確かにそういう力がある。

「見れどもあかぬ風景」は、自然の風景に限らない。たとえば川がゆったりと流れるのびやかな田園地帯の風景や、小さな旧城下町の落ち着いた町並み、家々が身を寄せそうかのような小さな漁村。いつまで眺めても、見飽きない。とりわけて特別な風景というわけでもなく、むしろ当たり前のようにそこにあるだけなのに。しかし篠原はそういう風景をこそ、つくりたいと願っているのだろう。優しくおだやかに、しかししかと存在している、人が日常を生きることのできる風景を。

篠原の一連の仕事には、実際に手を動かすデザイナーが誰であれ、そのような篠原の風景に対する志向が表れているようにも思う。たとえば、小野寺さんが描いてくる最初のデザイン案には、その一本気の性格からなのか、ときとして生硬さが感じられることがある。それが、篠原との議論を経ると、図面の線から硬さが抜けて、どことなく小野寺さんの空間が周囲に馴染んでいるように見えはじめる。そういう場面を見たことがある。

私にも経験がある。篠原と議論を重ねることで、余分なものがそぎ落とされて空間の構成が素直になり、おのずと線が柔らかみを帯び、気づかぬうちに表出していたデザイナーとしての自己表現の臭みがとれてゆく。なぜそうなるのかを考えてゆくと、篠原のディレクションが、常に人間が日常を生きる風景としての価値をめざすから、としか言いようがない。デザイナー、コーディネーター、ディレクター、篠原をどう呼称するにせよ、他人のデザインにそのような質を吹き込むことのできる人間は、そうはいまい。

とまれ、自然が鼓動する風景にしろ、人間が日常を生きる風景にしろ、人は風景に勇気づけられる。「見れどもあかぬ風景」とは、つまるところ、人の生を勇気づける風景である。あるいは、人が生きることを優しく肯定する風景である。そして篠原と同じく、私もそういう風景をつくりたいと願うのである。幾度となく風景に勇気づけられた者として、また、篠原の風景への意志を引き継ぐべき者の一人として。

もとより、風景づくりに終わりはない。篠原も還暦を迎えたとはいえ、傍目には生来のせっかちいまだ衰えず、多忙ななかにもまだまだ元気だ。数あるまちづくりの仕事も、これからが本番である。

本人には少し気の毒な気もするが、もうしばらくのあいだ、時代は篠原修という意志を必要とするであろう。

風景創出の僚友、建築家諸氏へ
篠原 修

「景観法」の受け止め方

「美しい国づくり政策大綱」(2003年7月、国土交通省)に謳われていた景観に関する基本法の制定が、「景観法」となって実現した。公布は2004年6月、2004年12月に一部施行となった。国土交通省、農林水産省、環境省の共管となり、都市ばかりでなく、里地里山のような都市郊外の田園や自然までもが法の対象にできるようになっている。2004年という年は近代都市計画の歴史上、記念すべき年になるだろう。なぜなら、これまでのわが国の都市計画は、防災(安全)、衛生、利便性(効率)などが柱となっていて、風景(美しさ)とは切れていたからである。それが今回の景観法により、風景は都市計画と表裏一体のものとなり、風景の保全や創出を抜きに都市計画が語れないことになるからである(欧米先進国ではこれが常識である)。

周知のように風景を主題にした法律は、1931(昭和6)年の「国立公園法」(現、自然公園法)のみであった。この法律に基づいて1934年に大雪山ほかの第一次の国立公園指定が行われ、以来わが国の自然環境と自然風景はこの法律によって守られることとなる。奇しくも2004年はその70周年の年である。自然環境、自然風景も過去には何度も危機に晒された。それは森林施業(樹林の伐採)、電力開発(ダム)、観光・リゾート開発(ホテル、スキー場)などの脅威だった。しかしまがりなりにも、法の後ろ盾のおかげで、わが国の自然と自然風景は守られてきた。この先例に倣えば、今まで法の後ろ盾なく、自主条例の制定によって都市風景を守り育てようと努力してきた自治体の担当者やNPOなどの市民団体が今回の景観法によりホッと胸をなで下ろしたくなるのも分かる。法で担保できる。しかし都市は国立公園のようにはいくまい、というのが筆者の観測である。

都市計画とて風景に無関心だったわけではない。1919(大正8)年公布の都市計画法と市街地建築物法(現、建築基準法)では、風景の保全、創出を目的に「風致地区」と「美観地区」が指定できることになっていた。前者は樹林や水系の保全により風景の保全を、後者は建築規制により街並み風景の創出を意図するものだった。しかしその成果ははかばかしいものではなかった。風致地区は全国の都市で数多く指定され(東京の第1号は表参道両側の10間幅)、戦後の高度成長時代以前にはそれなりの効用を発揮していた。しかし、都市開発が進むにつれ、風致地区は都市開発の邪魔者と考えられはじめ、指定は次々に解除されることとなる(明治神宮と外苑を結ぶ総武線沿いの内外苑連絡路がその典型例である。ここには現在、首都高4号線が走っている)。

一方の美観地区はより悲惨だった。建築がコントロール下に置かれることを嫌った地主やデベロッパー(これに建築家が加わっていたか否かは不明だが)の抵抗により、東京の皇居周辺、大阪の御堂筋の一部のみが指定できたにすぎなかった。美観地区とは名ばかりで、じつは中味はなかったのである。建物の耐震性能に自信が持てなかったことにより建物の絶対高さ制限(100尺)が生きているうちはこれでもよかった。高さ制限が撤廃され、容積率が都市計画法、基準法上で唯一のコントロールとなって以降、街並みは崩れはじめた。建物周りに空地をとることはよいことだという思想と、総合設計制度がこれに拍車をかけた。近年の大規模開発、たとえば千葉の幕張、臨海副都心、汐留、六本木などを見れば、その姿が街並みなどにかまっている暇はないという激越な経済競争の結果であることが分かる。企業と建築家の自己PRであることも分かる。都市は自然地域のごとき柔な相手ではない。

景観法は法である以上(自然公園法とて同じだが)、誰もが共通して理解できる規準でコントロールをかけようとする(これは妥当である)。その結果、コントロールの規準は、線や定量的な数値とならざるをえない。景観法への移行が期待されている各種の都市景観条例でも、この路線がとられてきた。基準を客観化しようとすれば、どうしてもそう

ならざるを得ない。したがって法的な強制力を欠くという欠点はあったものの、これまでの景観条例で何ができ、何ができなかったのかを検証しておく必要がある。条例から法になったとて、中味がそう劇的に変わるものでもないからである。法はあまりにひどいもの(派手な広告看板やどぎつい建物壁面の色彩、巨大すぎる建物など)の出現を阻止することはできよう。しかしそれ以上のものではないというのが筆者の見解である。美しい街並み、魅力的な水辺、賑わいに満ちた広場などは法の規制ではできない。法は最低限を保証するにとどまる。考えてみれば法というものはそういうものだろう。「景観法」はそう受け止めた方がよい。

風景創出の担い手としての建築家

歴史的な街並みを保全、復原(復元)し、また新たな魅力的な都市風景をつくり出せるか否かは、風景創出に参画している建築家、土木技術者、都市計画家、造園家などの専門家と良識ある市民の風景に対する考え方(思想)、識見、技倆にかかっている。筆者は建築に関しては素人だが建築家に読んでもらいたいと考えているので、以下では建築に絞って話を進めることとする(土木や都市計画、造園はまた機会があれば別に論じよう)。

土木の筆者から見ると建築は実用であるとともに芸術でもある。実用一点張りの土木から見ると人間精神の崇高な側面を担っているのが建築である。これには建築家諸氏に異論はないだろう。忘れられがちなのは建築は風景の一要素であり、景観創出の重要な担い手であるという側面である。建築のこの働きは、土木と同様に語ることができる。

筆者は建築を風景との関係で、「街並みの建築」「風景の(中の)建築」「彫刻の建築」の3種に分けてみた。もちろん便宜的な分け方で、精緻な理論があるわけではない。そして結論を先にいってしまうと、「景観法」の時代の建築には「街並みの名建築」と「風景の名建築」が求められているのだと思う。いや、ぼかした言い方はよくない。風景を専門とする筆者は「街並みの名建築」「風景の名建築」を建築家に要請したいのだ。

戦前はさておき、ル・コルビュジエの近代建築を引き受けた地点から出発した戦後の日本建築の主流は、周辺の夾雑物から独立した、さらには大地からも切れた自己完結型の建築であったと思う。そのスタートは丹下健三だった。代々木の体育館「国立屋内総合競技場」の見事にまとまった形とその圧倒的な迫力、「香川県庁舎」の日本の木造建築の伝統を蘇らせたかのような端正な姿、あるいは「広島ピースセンター」の繊細さと緊張感。なるほど建築は素晴らしいと感銘を受けたものだ。この自律型(孤立型)の流れは、公園や広い敷地の中に置かれる美術館、博物館、図書館、体育館、音楽ホール、劇場、市庁舎、県庁舎などの公共大建築の主流となり、今に至る。これらの、いわば彫刻的な建築のデザイン水準の高さが、日本の建築家をして世界の注目を集めさせることになったのだろう。

しかしこのような彫刻の名建築の隆盛に反比例するかのように(いや隆盛ゆえにというべきか)、わが国の都市風景は衰退の途を辿ってきたのだった。それはいつしか街並みの名建築にスポットライトが当てられなくなった風潮によく現れている。街並みの建築には、当然のことだが連担する周囲の建築や前面の街路、ときには近傍の水面に対する気遣いを欠かすことはできない。自己のみを主張すれば街並みが壊れてしまう。したがって街並みの建築では自己抑制をきかせつつ、自らの個性を表現することが求められる。謙譲の美徳、ギラギラとしない品のよさ、それが街並みの名建築の条件だろう。このような街並みの名建築は昭和30年、40年代にはひとつの潮流をなし、日本建築学会賞に輝くものも多かった。「日本生命日比谷ビル」(村野藤吾)、「蛇の目ビル」(前川國男)、「パレスサイドビル」(日建設計・林昌二)などは端正なファサードが街並みに品格を添える存在

だった。また、街角にある特徴を生かし、コーナーをミニイベントに提供する「ソニービル」（芦原義信）は、内部のスキップフロア構成とも相まって、さすが銀座のビルだという洗練を感じさせた。街並みの名建築はこれらのオフィス系のビルに限らず、「桜台コートビレジ」（内井昭蔵）のような集合住宅にも存在した。

しかしいつのころからか、この種の街並みの名建築は建築ジャーナリズムの舞台から消えていく。また建築学会賞の対象からも漏れていくのである。近年、街並みの建築は再び脚光を浴びつつある。しかしそれはかつての自己抑制と品のよさゆえにではなく、目新しさ、街並みの他者からの差別化ゆえに注目されているように思われる。それは極度に建築の「芸術」に偏った自己表現ではないか。つまりほかの建築と共に街並みを形成しようとするデザインの汎用性、良識の言語感覚に欠けているのだと思う。たとえばガラスブロックのファサードや海草に支えられた床とガラス面のファサードが連担したとき、人はそれを街並みだということができるだろうか。

自然の地形や植生、周辺に広がる田や畑、あるいは遠くの山並みや海の風景の中に納まって、新たな風景をつくっている、そのような建築を「風景の名建築」と呼びたい。都市近郊の田園や里山までもが対象となる「景観法」時代には、このような建築も強く求められている。元来が低層木造であったわが国では、建築家が最も得意だった領域である。しかし、この種の建築も、筆者の脳裏に多くは浮かんでこない。思い浮かぶのは、地形に納まった「海の博物館」（内藤廣）、「土門拳記念館」（谷口吉生）、樹林とともにある「世田谷美術館」（内井昭蔵）、宍道湖畔に伏せる「島根県立美術館」（菊竹清訓）などに限られてしまう。

ここでも鍵となるのは現前する風景に対する謙虚さと、風土の中に培われてきた地場の材料、技能を生かそうとする態度なのだと思う。わが国の伝統では建築はそれが立地する地形、建物を守る屋敷林や傍らを流れる水路などとともにあって初めて（形、姿として）完結する存在だった。いつのころからかこの美徳は忘れ去られ、自らの建築のみで自己完結しようとしはじめる。これが、わが国の農山村の景観を破壊する元凶なのだと思う。街並みの建築にしろ風景の建築にしろ、現代の建築は他者（他の建築、道、農地、植生、自然）との対話を求めない。その風潮は個人が粒状化した現代の世相にちょうど見合っているのかもしれない。彫刻の、孤立の建築称賛はもうそろそろ卒業した方がよいのではないか。なぜなら粒状化に苦しむ現代日本人が必死に求めているのはまぎれもなく他者との連帯なのだから。

制約に対する態度

相手が自然であるにせよ、隣の建築であるにせよ、それを意識して設計するということは、自らの内に設計上の制約を加えることになる。ましてや「景観法」の時代になれば、建築家には「美観地区」であれほど嫌っていた制約が否応なく課せられることになるはずである。したがってつぎには、制約にどう対処するかに話を移そう。

はじめに建築家に比較的分かりやすいと思われる橋を例にとって、制約がいかに土木のデザインを縛っているかを簡単に紹介しておこう。ここで断っておくが、橋は土木の分野ではデザインの自由度が高い部類に属する。川のデザインでは洪水時の水の流れが護岸や堤防、広場、公園の形、起伏を強く縛る。また、ダムのデザインでは地盤条件がその形式と素材（コンクリート、岩、土など）をほぼ決めてしまう。最も制約が強いのは波の力が支配的な港湾、海岸構造物である。さて橋だが、その強度、耐震性能、耐久性などは細かいところでの違いはあるが、まあ建築と同様である。問題は河川側からの制約があることである。橋桁を支える橋脚は自由に建てることはできない。堤防や護岸からの離隔距離が定められ（位置）、川の流量に応じて規準スパ

ン長が定められ（間隔）、洪水阻害率により橋脚合計断面積が定められる。また、橋は当然のことながら道路から独立してあるわけではないから、橋の前後の路面の高さにより桁の高さ方向の位置はある範囲に収めなければならない。さらに洪水時にはその下を激流が流れ下るので、桁下のクリアランスも確保しなければならない（桁厚の制約）。つまり簡単にいうと橋のプロポーションは自由に定められないのである。

建築とてもちろん、前面道路との関係で入口の位置が制約を受けるだろう。日照や道路斜線などの制約もあるだろう。しかし、建築基準法さえクリアすれば後は比較的自由だろうと想像する。ましてや建築のプロポーション（全体からディテールまで）が制約を受けるなどという話は聞いたことがない。とくに彫刻の建築においては。

上述のような地点から出発しているから、土木設計にはデザインに制約があるのはむしろ常識に属する。エンジニアはそれらの制約のなかでいかによい橋にするかに日夜腐心しているのである。筆者らの景観派にあっては橋自身のプロポーションに加え、橋の建設によっていかによい風景をつくり出すかをより上位のテーマにしているから、外的な制約にさらに内的な制約を自らに課していることになる。ここ20年近くの経験でいうと、内的な制約を自らに課せば課すほど、贅肉がそぎ落とされて、自分の目指しているものが何であるのかが鮮明になってくる。つまり、外的、内的な制約をどう考え、それにどう対応するかが、デザインの内容の濃さ、質に、またその結果として創出される風景の水準を左右するのだと思う。

冒頭に述べたように景観法は法だから、建築家に線や数値の制約をかけてくるだろう。敷地の中の自由を謳歌していた建築家にとっては理不尽な外圧である。建築家の表現の自由、芸術性を侵害しようというのか。それでは仕方がないと、悪法建築基準法をすり抜けてきたように景観法もすり抜けるか。こう建築家が考えるならわが国の都市風景に明日はない。中味にまで踏み込んで規制することのできない線や数値では、外面しかコントロールできず、その結果、極度に抽象化された線や数値を渋々守った、うわべだけの街並みができるだろう。そこに生き生きとした美しさ、生活の確かな感覚は生まれ得ない。むしろ形式だけを整えた官僚的な街並みができることになるだろう。

それでも現代の混乱を極める街並みよりはましだとはいえる。しかしそれが本当に景観法が目指すものなのだろうか。かつての名古屋の体験が鮮明に思い出される。電柱、電線を取り払い、広告看板を整理して、街並みは魅力的に蘇るはずであった。しかしわれわれが見たものは、白々としたファサードが連なる、何とも貧相な街並みだった。この事実は市の担当者も認めざるをえなかったのである。また、霞が関官庁街のあのなんとも言えない、のっぺりとしたビル群を見るがよい。線と数値に建築家が渋々従うとき、そこに生まれるのはあの手の街並みである。

外的な制約よりも、むしろ本質的なのは建築家の内にある内的な制約なのだと思う。東京大学構内の総合図書館の脇を通るとき、人はその好例を見るだろう。内田祥三（よしかず）率いる設計軍団がつくり出した鉄骨鉄筋コンクリート、スクラッチタイル貼りの図書館と法文棟に、その建築は巧みに「付け」られている。大谷幸夫設計の「法学部新棟4号館・文学部3号館」である。思わず巧みにと記したが、大谷が内に課した制約は、先輩建築家への敬意と、それを受けての誠実であったに違いない。ここには自己を押し出そうとする邪念はない。

マスターアーキテクト方式で設計された「幕張ベイタウン」の建築群に感ずる不満は、この精神の欠如である。個々の建築は課せられた制約（共通ルール）の下で、何とか自分を押し出そうとしている。考えようによっては、それはいかにも見苦しい。きわめて先導的な試みであったがゆえに、

惜しいと思う。建築家諸氏が景観法を契機に、他者との連帯を求める内的制約を自らに課すことができるか否か、それが本質的な課題となるだろう。

教育と批評

内発的に制約を課すことができるようになるか否かは、言い古された言葉だが、やはり教育の影響が大きく、批評がそれに続くだろう。筆者が土木に進学した1960年代後半のころ、建築に進学した市川智章君に、設計課題はどんな具合かと聞いたことがある。敷地と前面道路が提示され、そこに建物を設計するのだという。隣近所にどのような建物があり、遠くには何が見えるのかという提示はないのだ。驚いた。それが建築の設計なのかと。これでは他者への気配りや歴史への敬意は生まれようはずもない。

以来ほぼ40年、いまだにこの敷地主義はまかり通っているのだろうか。恐らく、まかり通っているのだと想像する。少なからぬ建築家の卵と接していると、その発想の根源にこの敷地主義が控えていることがうかがえるからだ。つまり、都市側から見て与えられた敷地に何が求められているのかを考えること少なく、またその敷地での建築を通じていかなる寄与を都市側に与えようとするのかの発想もない。これでは「街並みの名建築家」も「風景の名建築家」も生まれはしない。生まれるのは唯一「彫刻の名建築家」のみである。「彫刻の名建築家」が育つのは一向にかまわないのだが、彫刻の建築家教育のみを受けた人物が街並みの建築、風景の建築を現実には手がけるのだからたまらない。被害を被るのは市民である。身びいきでいうのではないが、建築家教育に景観教育が必須ではないか。残念ながら建築の講義要目に景観の文字を見たことはない。

建築学会をはじめとする各種の賞、建築ジャーナリズムにも問題があると思う。賞の紹介、新しい建築の紹介だから、建築が中心となるのは当然かもしれないが、引きをとって隣近所の建物や周囲の田畑、遠くの山並みを一緒に撮した写真を見ることはきわめてまれである（こういう眼で建築の雑誌、本の類をあらためて見てください）。これでもか、これでもかと建築の単体とその部分ばかりが続く。これでは雑誌を見て育つ建築家の卵たちが、敷地へ、建物へ、内へ内へと自閉的になっていくのも不思議ではない。

僚友としての建築家

筆者が属している土木の分野に比べ、建築家のデザイン技倆ははるかに高い。また、これは人によるが、設計思想に関する考察にも深いものがある。しかし惜しむらくはその方向が単体としての建築のみに向いていることである。その技倆、考察を外へ向けて開いてやれば、もっとのびのびと、かつ楽しくやれるだろうにと思う。都市計画家・加藤源がプロデュースする旭川の駅と新市街のプロジェクトに参画して以来、デザインチームを編成して、数多くの仕事をこなしてきた。参加する専門家は、建築、土木、都市設計、都市計画、工業意匠、歴史と多岐にわたる。何を目的にと問われれば、ほっておくと個別バラバラに設計される空間にトータリティを回復せんがためである。美しく、暖か味のある風景を創出したい、と考えているからである。ここでは建築家は風景創出の僚友である。ともに風景をつくる仲間である。

13年の長きにわたって関与した「苫田ダム」のプロジェクトでは、同じ土木とはいいつつも、さまざまな専門家と組んだ。ダム堤体と水辺デザインは岡田一天、トンネル坑口は畑山義人、橋は高楊裕幸、最後には大スケールのダム空間を引き締める内藤廣の管理庁舎ができ上がった。文字通りの画竜点睛の建築になったと（建築家以外の）誰もが評価する。今再び加藤と組んだ札幌駅前通りの改築設計では、建築家の栗生明にも参加してもらい、雪国札幌の地下空間を豊かなものにしようと努力している。ここには都市計画

の小林英嗣、芸術プロデュースの田中珍彦、コーディネートの川口直木らも参加している。

　しかし、才能を持つ建築家は多いものの、この人なら風景、都市に対してブレない、信頼が置けるという建築家はきわめて少ない。何か妙なことをやりだすのではないか、それが恐くて組めないのだ。

　だが、あきらめているわけではない。日南市の油津・堀川のプロジェクトでは木橋の製作にあたって地元の工務店と、また山陽本線倉敷駅のプロジェクトでは倉敷、岡山の街並み保全系の建築家諸氏と組んで駅をきっかけとする街並み再生のデザインを目論んでいる。こうした、地域に密着して地道な活動を続ける人びとこそがわれわれの連帯すべき建築家なのかもしれない。

　敷地の内に閉じこもっていないで、もっと外へ出てきてはどうか。閉じこもれば閉じこもるほど、その世界は狭まり、使う言葉も難解になる。開けば開くほど、その世界は広がり、言葉は平易になる。難解な言葉（デザイン）では市民はおろかほかの専門家との対話もおぼつかない。内に閉じた難解な言葉遣いとなった現代詩が実質的に亡びてしまったように、健全な建築が亡びてしまうのは、見るに忍びない。風景創出の僚友として、われわれの戦列に参加しませんか、建築家諸氏、と言いたい。

初出：『新建築』2005年3月号　巻頭論文

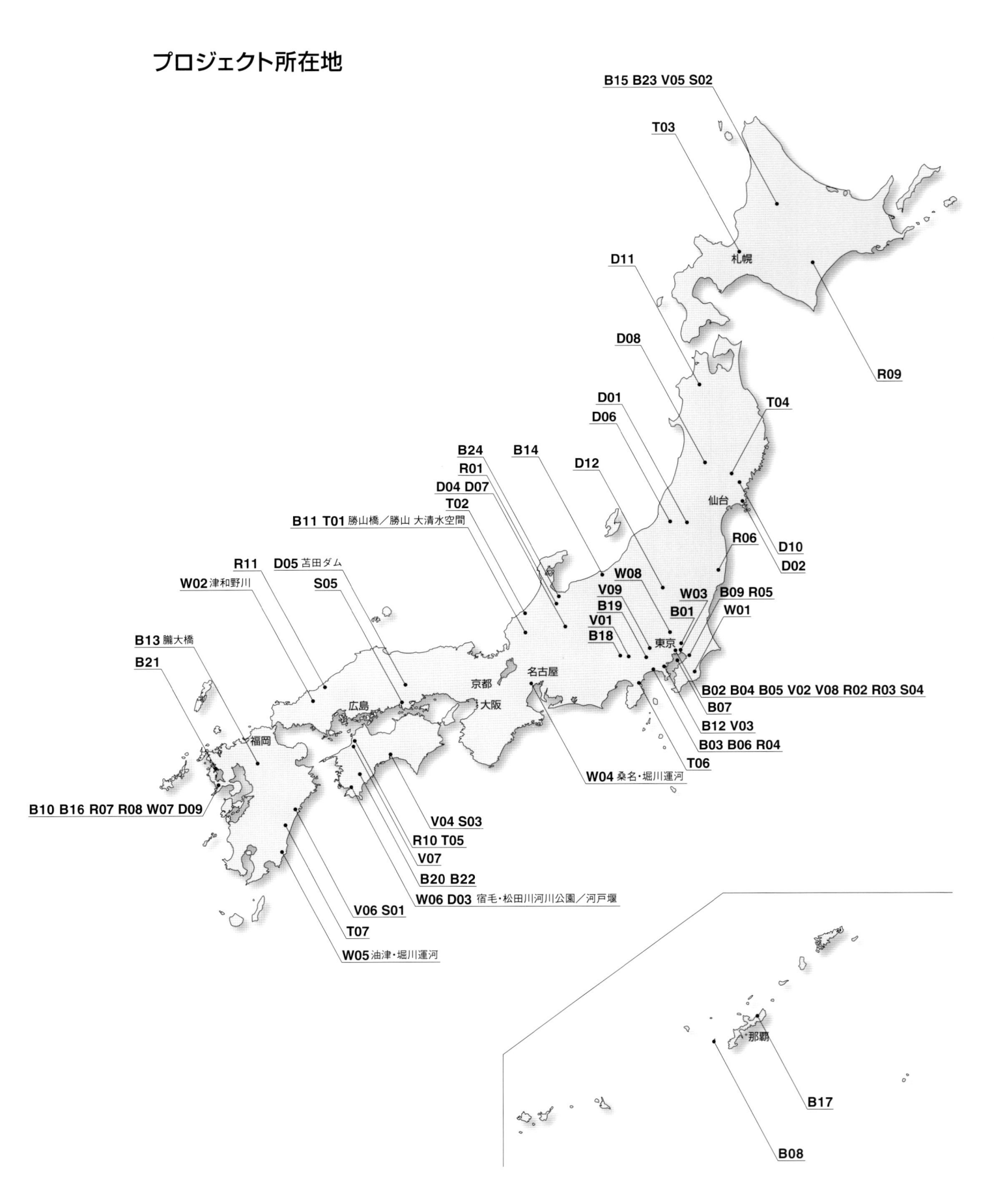

プロジェクト所在地

- B15 B23 V05 S02
- T03
- D11
- R09
- D08
- D01
- D06
- T04
- B24
- B14
- R01
- D12
- D04 D07
- T02
- B11 T01 勝山橋／勝山 大清水空間
- R11
- D05 苫田ダム
- W02 津和野川
- S05
- W08
- V09
- R06
- D10
- B19
- W03
- B09 R05
- V01
- B01
- W01
- B13 朧大橋
- B18
- B21
- B02 B04 B05 V02 V08 R02 R03 S04
- B07
- B12 V03
- B03 B06 R04
- T06
- W04 桑名・堀川運河
- B10 B16 R07 R08 W07 D09
- V04 S03
- R10 T05
- V07
- B20 B22
- W06 D03 宿毛・松田川河川公園／河戸堰
- V06 S01
- T07
- W05 油津・堀川運河
- B17
- B08

名称／所在地／竣工年

橋梁：Bridges

B01	松戸 森の橋・広場の橋	千葉県松戸市	1989
B02	明和橋	東京都江戸川区	1992
B03	鵠沼橋・橋詰広場	神奈川県藤沢市	1993
B04	辰巳新橋	東京都江戸川区	1994
B05	大杉橋	東京都江戸川区	1995
B06	湘南ベルブリッジ	神奈川県茅ヶ崎市	1995
B07	東京湾横断道路橋梁	東京都、千葉県	1995
B08	阿嘉大橋	沖縄県島尻郡座間味村	1999
B09	千葉都市モノレール栄橋	千葉県千葉市	1999
B10	大波止橋	長崎県長崎市	2000
B11	勝山橋	福井県勝山市	2000
B12	新港サークルウォーク	神奈川県横浜市	2000
B13	朧大橋	福岡県上陽町	2003
B14	謙信公大橋	新潟県上越市	2003
B15	新神楽橋	北海道旭川市	2003
B16	長崎・常盤出島歩道橋群	長崎県長崎市	2003
B17	古宇利大橋	沖縄県名護市	2003
B18	甲西道路 双田橋	山梨県甲斐市	2004
B19	新小倉橋	神奈川県津久井郡城山町	2005
B20	半家橋・川平橋	高知県四万十市	2006
B21	第二西海橋	長崎県佐世保市・西海市	2006
B22	橘橋	高知県四万十市	施工中
B23	永隆橋通新橋・昭和通新橋	北海道旭川市	施工中・設計中
B24	富山大橋	富山県富山市	設計中

高架橋：Viaducts

V01	山梨リニア実験線橋梁	山梨県都留市	1996
V02	JR東日本 中央線東京駅高架橋	東京都千代田区	1998
V03	陣ヶ下高架橋	神奈川県横浜市	2001
V04	JR四国 土讃線高架	高知県高知市	施工中
V05	JR北海道 函館本線・富良野線高架	北海道旭川市	施工中
V06	JR九州 日豊本線高架	宮崎県日向市	2006
V07	拾町交差点橋梁	愛媛県伊予郡砥部町	2006
V08	新交通日暮里舎人線高架橋・駅舎	東京都荒川区／足立区	施工中
V09	河辺駅前デッキ	東京都青梅市	施工中

街路・道路：Roads

R01	八尾歴道	富山県富山市	1992
R02	皇居周辺道路	東京都千代田区	1994
R03	東京臨海副都心道路	東京都中央区	1997
R04	湘南国道（国道134号線）	神奈川県藤沢市	1998
R05	千葉駅前シンボルロード	千葉県千葉市	1999
R06	国道6号線 線道の駅「ならは」	福島県双葉郡楢葉町	2001
R07	出島バイパス	長崎県長崎市	2004
R08	県道浦上川線	長崎県長崎市	施工中
R09	高規格道路帯広・広尾自動車道	北海道帯広市	設計中
R10	松山外環道路高架橋	愛媛県松山市	設計中
R11	浜田・三隅道路	島根県浜田市	設計中

河川／堀割運河：Waters

W01	茂原 豊田川	千葉県茂原市	1997
W02	津和野川	島根県津和野町	1998
W03	浦安・境川	千葉県浦安市	1998
W04	桑名・住吉入江	三重県桑名市	2001
W05	油津・堀川運河	宮崎県日南市	2004
W06	松田川河川公園	高知県宿毛市	2005
W07	中島川バイパス護岸	長崎県長崎市	2006
W08	利根川 新川通防災施設（公園）	埼玉県北埼玉郡大利根町	設計中

まちづくり：Towns

T01	勝山 大清水空間	福井県勝山市	2005
T02	片山津中央公園・街路	石川県加賀市	2005
T03	札幌（創成川、駅前地下道）	北海道札幌市	設計中
T04	平泉（バイパス、道の駅、県道他）	宮城県西磐井郡平泉町	設計中
T05	松山（道後温泉本館前広場他）	愛媛県松山市	設計中
T06	熱海（渚小公園他）	静岡県熱海市	設計中
T07	西都 記紀の道	宮崎県西都市	計画中

駅：Stations

S01	JR九州 日向市駅	宮崎県日向市	2006
S02	JR北海道 旭川駅	北海道旭川市	施工中
S03	JR四国 高知駅	高知県高知市	設計中
S04	東京駅前広場・行幸道路	東京都千代田区	設計中
S05	JR西日本 倉敷駅	岡山県倉敷市	計画中

ダム・堰・砂防：Dams

D01	棒咲排水樋門	山形県川西町	2000
D02	野蒜水門	宮城県東松島市	2003
D03	宿毛・河戸堰	高知県宿毛市	2004
D04	地獄平砂防	岐阜県高山市	2004
D05	苫田ダム	岡山県苫田郡鏡野町	2005
D06	横川ダム	山形県置賜郡小国町	施工中
D07	丹生川ダム	岐阜県高山市	施工中
D08	成瀬ダム	秋田県雄勝郡東成瀬村	施工中
D09	本河池高部ダム保存改築	長崎県長崎市	施工中
D10	北上川分流施設保存改築	宮城県登米市	施工中
D11	津軽ダム	青森県中津軽郡西目屋村	施工・設計中
D12	湯西川ダム	栃木県塩谷郡栗山村	設計中

篠原修年譜
1945-2006

明朝イタリック体は篠原修の言葉から　●：著作　□：作品・デザインなど

福井恒明

1945（昭和20）　**0歳**
11月22日、栃木県矢板市で、父・篠原義彦、母・ケイの長男として生まれる。矢板は戦時中の疎開先であり、母の実家（農家）であった。父は香川県大野原村出身で、早稲田大学を卒業後、安立電気を経て安立計器に勤めていた電気のエンジニア。
生後すぐに父の勤務先の寮があった横浜市綱島に移った。

1950（昭和25）　**5歳**
安立電気の経営が思わしくなくなったのを機に、父は上司とともに新しい会社を設立。同時に、元同僚らとともに川崎市新丸子に移った。当時この場所では柿畑が広がる多摩川沿いに家が建ちはじめており、畑と家の入り交じった新開地の風景は、篠原の原風景のひとつとなった。また、母の実家と叔母の家がある矢板には頻繁に遊びに通い、水田を主体とする北関東の農村風景も原風景となった。一方、父は郷里から出てきてしまい、祖父が早世して実家もなかったため、大野原には行かなかった。ただ一度、父の上京50周年を機に親子で訪れたのみである。

1951（昭和26）　**6歳**
川崎市立中原小学校に入学。多摩川の古い土手を歩いて通い、草野球に明け暮れる毎日だった。
――*僕は、球は結構速かったし、コントロールもよかったしね。それは本当。体を動かして運動するのは好きだった。今ではみんな信じてくれないかもしれないけれども、僕はどちらかというと体育会系なんだ。*

父の元同僚との家族旅行（9歳）

1957（昭和32）　**11歳**
5、6年の担任だった照沼先生の勧めで、毎週日曜日に進学教室に通う。川崎にはよい公立高校がないので、親戚のつてを頼んで東京都大田区の中学校に越境入学することになっていた。
――*兄弟や従兄弟のなかで、僕がとくに勉強ができたんですよ。それは性格形成に影響してるね。わがままを言っても通る。*

1958（昭和33）　**12歳**
東京教育大学附属駒場中学校（現・筑波大学附属駒場中学校／以下、教駒）を受験。無事に合格し、入学。
――*僕は麻布がいいなと思っていて、受けようと思っていたわけだけど、教駒の方が試験が先で、たまたま受かったから、親父は喜んだわけでしょう。だって国立の附属の方が学費が安いもんね。*

この年、盲腸に罹ったが、医者の誤診で処置が遅れ、腹膜炎となって入院した。英語をみてもらっていた近所のてるちゃんにこのとき、ヘッセの『車輪の下』をもらったのが印象深いという。本を読み出したのは中学生以降のこと。はじめは石坂洋次郎なども読んだが、次第に夏目漱石一辺倒となる。

——今でもそうだけど、寝転がって本を読んでいるのがいちばん好きだから。試験の前日に読み出した小説が面白くて、なかなかやめられなくて非常に困ったね。

教駒は1学年2クラス80名の少人数であり、自由放任でありながら教師と生徒との関係が親密であった。中学時代はテニス部に所属。文化祭、運動会、林間学校、臨海学校、スキー学校など、いつも遊んでいる雰囲気だが、その実みんな勉強していて、優秀な同級生に囲まれた環境であった。

——勉強はある程度はできるけど、極めて普通の子供だったんですよ。僕自身はそう思っている。だって、教駒に入ってくれば、勉強できるヤツはいっぱいいるわけだから、普通だと思わざるをえない。

1961(昭和36) 15歳

東京教育大学附属駒場高等学校(現・筑波大学附属駒場高等学校)に進学(中高一貫校)。高校から1学年120名となるが、その半数以上が東大に進学する少数精鋭の超進学校である。高校時代はサッカー部に所属。一方でSF小説が好きで、雑誌「SFマガジン」などを愛読していた。

——高2だったか高3のとき、友達と話した覚えがあるんだけど「篠原は数学や物理ができるんだから理系に決まっているじゃない」と言われて、あっそうかと思って。親父もエンジニアだし、まあ理Ⅰ(東京大学教養学部理科Ⅰ類)なのかなぁ、と。浪人していたら文系に行ったかもしれない。

教駒卒業、同級生と(後列)

1964(昭和39) 18歳

東京大学教養学部理科Ⅰ類に入学。この時点では、とくに将来進む専門分野については意識しなかったという。

——僕が受かったのは国語ができたからですよ。多分。それと数学と物理で受かったんじゃないかなぁ。

入学当初には、全くの未経験ながら運動会バレーボール部に所属。1年生の秋にマネージャー転向の話が立ち、退部。

——まじめに出てましたよ。体を動かして運動するの好きだから。でもしんどかったね。後で知ったんだけど、みんな中学高校からやってる連中ばっかりだから……。途中から、篠原はそんなに背も高くないし(当時172cm)、マネージャーにしようじゃないかっていう噂が聞こえてきて、そんなつもりで入ったんじゃないと思ってやめた。

運動のほか、講義には適当に出席し、同級生とよく遊びに行く生活であった。位相幾何学や記号論理学に学問としての魅力を感じていた。

1965(昭和40) 19歳

工学部土木工学科に進学内定。土木工学科進学は篠原が積極的に意図したものではなかった。

——土木に来たのは消去法。理学部に行くのは柄じゃないとわかっていたから。ああいう分野は成績がよくても本質的にわかっていないと難しい。それがわかっていたのも(優秀な同級生の多い)教駒にいたから。それで工学部。親父には機械に行くことを勧められたけど、歯車ばっかり描いているような機械の製図でうんざりした。そこで建設系。絵はわりと上手かった方だけど芸術的な才能はないと思ったので建築はなし。自分はプランナーが向いていると思った。アバウトだし、勘は悪い方じゃないから。それで都市工か土木にしようか迷った。結局、八十島先生に魅かれて土木に入った。

1966(昭和41) 20歳

工学部土木工学科に進学。当時の土木工学科の教授陣は、八十島義之助(交通)、平井敦(橋梁)、高橋裕(河川)、国分正胤(コンクリート)、堀川清司(海岸)、最上武雄(土質)、奥村敏恵(応用力学)。ただし実学的な講義・演習には魅力を感じず、失望したようである。

——土木には知的好奇心をかき立てるような講義が全然なかった。一番うんざりしたのはコンクリート実習。セメント渡されて混ぜて。こんなの学問じゃないと思った。ただ、尊敬できる先生はいた。プランニングをやろうと思っていたので八十島先生と高橋先生の講義は出たけど、ひどくてね、いつも休講なんだ。八十島先生は社会的活動に忙しくて。建設省と運輸省の橋渡しができるのは八十島先生だけだったから。

7月、北海道開発局紋別港修築事務所にて実習。音波による深浅測量がおもな仕事であった。独身寮に入り、事務所の職員とよく遊びに行ったという。北海道で実習する同期5人とともに、一般道(当時東北自動車道はまだ開通していない)を北海道まで車で走った。
以来、北海道ファンとなる。

——北海道には行ったことがなかったから、行ってみようと思った。

1967(昭和42) 21歳

卒業論文執筆のため、当時土木工学科における唯一の計画系研究室であった交通研究室に所属。鈴木忠義助教授(49卒、都市工学科)、中村良夫助手(63卒)に出会う。鈴木忠義は景観工学の創始者で、62年に東京大学農学部林学科から土木に戻り、学部4年生だった中村良夫の卒論指導にもあたった。当時は都市工学科の助教授だったが、土木工学科交通研究室

(明朝イタリック体は篠原修の言葉から　●：著作　□：作品・デザインなど)

とも連携して活動していた。
——中村良夫さんと出会っていなかったら景観はやっていない。「君、交通研に来たからって必ずしも交通をやらなくてもいいんだよ」と言われて救われた。
——恩師の忠さんといい、先輩であり先生であり、かつ研究仲間でもある中村良夫さんに出会ったのは大きいね。

卒業論文「電子計算機を用いた道路線形の見えの評価に関する研究」執筆。当時の景観研究の対象は道路であり、線形設計とシークエンスの解析が主体であった。この論文テーマも与えられたものである。中村助手が秋に渡仏し、実質的には3級先輩の村田隆裕(65卒)に指導を受けた。
——計算機センターには通いましたよ。プログラムをカードにパンチして持っていって、1〜2週間後に結果が出る(でも結果が出ていない)。なんで出ていないんだっていうと、パンチミスがあるから。それでうんざりして、これは性に合わないなっていうのがわかった。

1968（昭和43）22歳

東京大学工学部土木工学科を卒業。同大学院工学系研究科土木工学専攻修士課程に入学。ひきつづき交通研究室に所属。
——マスターに入ったときはほんと嬉しかった。これでくだらない勉強をしなくていいと思って。

●ビル建設"仰角規制"の問題点——景観工学の立場から（朝日新聞投稿／不採択）

土木工学専攻修士課程進学時

当時の交通研究室は、鉄道と交通計画のグループに分かれており、交通計画のグループのなかに観光研究から派生して景観研究を志す、中村良夫助手、村田隆裕(70博士修了)、田村幸久(66卒)、小笠原常資(66卒)、樋口忠彦(67卒69修73博)らのグループがいた。
——鈴木先生は、中村、村田、樋口に期待していた。僕なんか全然期待されていなかった(笑)。当時は樋口さんとばっかりしゃべっていた。中村良夫さんはそのころいなかったし。

交通研究室では1年契約で秘書を雇用していた。4月、富山県氷見出身の廣瀬真知子が、伯父の石井靖丸(41卒)の紹介により交通研究室の秘書となる(翌3月まで)。彼女はのちに篠原と結婚することとなる。

この夏東大闘争が工学部に波及。土木工学科のなかでは修士1年と学部3年生が活動の中心となる。篠原も参加し、修士1年から修士3年目の夏までの約2年は闘争に明け暮れた。

——東大の場合、あれは単純な話ですよね。最初は正義感の話だから。医学部で学生の退学処分が誤っていたのに、ごまかして撤回しないとか。多少気骨があって正義感のある奴はみんな参加した。

闘争を通じて上下の学年や他学科の友人と知りあう。年末より1号館封鎖を行い、69年の正月を本郷で迎える。
——闘争はシビアな状況だから人間の本性が出るよね。一番勉強になった。土木では動いていたのは樋口さんと、3年の5〜6人、あとはドクターが精神的なサポート。樋口さんがイデオローグでアジ文ばかり書いていた。僕はマネージャーみたいな感じでデモの企画をやっていた。こうやって集まって、こうやって解散しようとか。やっぱり体育会系ですね。

次第に現実感覚を喪失していく闘争に篠原は失望を感じる。
——幹部の会合に末席で行ったとき、ゲバルト・ローザと呼ばれている女性が「精神力をもってすれば機動隊の壁は打ち破れる」と言うのを聞いて、これは駄目だと思った。戦前の日本軍と一緒。全然論理的じゃないんだ。所詮ノンポリ学生の烏合の衆だから頭でっかちの闘争なんだよね。

1969（昭和44）23歳

1月18〜19日の安田講堂の攻防戦を、篠原は外から見る。
——(安田講堂に)僕は行かなかった。篭城して勝つのは援軍が来るとき。援軍なんて来ないわけだから。道義的な負い目はない。僕は当時からさめていた。

●電子計算機による道路線形のみえの評価手法（土木学会年次学術講演会、中村良夫と共著）

修士2年だったこの秋、大学院入試粉砕闘争に参加。
——あの時は簡単にけちらされた。それで責任を取って留年することにした。人の入試を邪魔しておいて、自分だけのうのうと卒業するわけにはいかない。

1970（昭和45）24歳

留年により修士3年目を迎える。奨学金の受給がなくなり、44年の暮れから45年にかけて、歳暮シーズンの三越本店や、草津温泉の旅館でアルバイトをする。

闘争による単位不足を補うため、建築学専攻の講義を履修。その一環で秋田県八郎潟の見学に参加する。このとき青森、秋田、山形などをひとりで周遊。
——ついでだから東北を見て回ろうと思って、秋田で竿灯を見たり、山形で花笠踊りを一緒に踊ったり、青森でねぶたも見た。五所川原の駅で泊まった。十三湖に行こうとバスに乗ったら、何だか知らないけれどお寺の女の子と知り合いになって、そこのお寺に泊めてもらった。

このころ読んだ本は、磯崎新ほか『日本の都市空間』、C.ジッテ『広場の造形』、C.ターナード・B.プシュカレフ『国土と都市の造形』、原廣司『建築に何が可能か』、芦原義信『街並みの美学』など。

——土田旭さんに後で聞くと、60年代は第1期のアーバンデザインブームだった。今活躍している人はこのグループでしょう。そういう意味ではいい時期だった。芦原さんの『街並みの美学』はショックだった。ずっと学校の先生やっている人よりいい本書くんだと思った。槇（文彦）さんの『見え隠れする都市』もそう。今みたいにボンボン本が出る時代ではなくて、古典になる本が出ていた。

修士論文「自然空間の視覚構造（A Study on Visual Perception in Open Space and its Application to Landscape Displaying Techniques）」は、地形を対象とした奥行きおよび俯瞰景観に関する研究である。東京タワー、横浜マリンタワー、六甲山、釜石、博多、長崎、富士山周辺など日本全国の著名な眺望点を回り、よい景観の条件を分析する論文である。
——目的的な意識をもって風景を見たのは、修論がはじめてだった。

1971（昭和46）25歳

ほぼ全員が優の評価となる修士論文で、篠原の修論は良とされる。
——確か工学部11号館の講堂で発表会をやった。時間切れだったし、うまく頭の整理もできていなくて、指導してくれる人もいなかった。だから発表はひどかったと思う。それと、まだ当時成田闘争というのをやっていて、論文の後書きに「論文があって成田に行けないのが残念です」と書いてあるのを誰か先生が読んで、それで良になった、という話もある（笑）。

●自然地形と景観（土木学会年次学術講演会、樋口忠彦と共著）

4月、八十島義之助教授の紹介で株式会社アーバンインダストリーに入社。
——大学と縁が切れてプランニングの仕事ができると思って嬉しかった。（当時は）学校の先生になろうとも、役人になろうとも思っていなかった。アーバンがつぶれていなかったら、多分プランニングの仕事をしていたんじゃないか。

アーバンインダストリーは東急電鉄、東急不動産、日立製作所、日本合成ゴムなどの企業が出資して1970年頃に設立された会社で、プランニング部門とインテリア製作部門のふたつにわかれていた。前者はシンクタンクとデベロッパーの両方の業務を行い、後者は新しい住宅や家具などの開発を行っていた。篠原はプランニング部門に属し、再開発、ウォーターフロント・リゾート開発などの業務を行った。島津良樹（前・東急総研）、山本和彦（現・森ビル副社長）、宮原義昭（現・RIA常務）など、優秀な上司・同僚に恵まれていた。
——課長もその上の部長も素人だから、我々が好き勝手にやっていた。クライアントとの折衝もレポートづくりも説明も自分たち平社員がやる。それまで設計の図面もプランニングの図面も描いたことがなかったので、島津さんや山本に描き方を教えてもらった。

12月、廣瀬真知子と結婚。横浜市港北区日吉に新居を構える。

新婚旅行のひとこま（北海道、白金温泉）

1972（昭和47）26歳

アーバンインダストリーで手がけた主な仕事はつぎの通り。①土肥（伊豆）のマリーナ計画。首都圏におけるプレジャーボートの需要予測や収支計算を行った。土地買収がうまく行かずに実現しなかった。②播磨高原のリゾート開発。需要予測と施設のプランニングを行った。自然型と施設型のふたつのプランをつくり、大阪でマーケティング調査を行った。③日田（大分）における工業団地の設計。
——とにかく、みんな素人だけど怖い物知らずで元気だった。
——東急電鉄から出向してきた高野さんという課長が、しょっちゅう銀座のバーでおごってくれた。昼間は仕事ばっかり。夜は酒ばっかり。山本（和彦）に言わせると「篠原は結婚してたのによくつきあってくれたよね」。ほかはみんな独身だったから。

アーバンインダストリー入社後に、本州四国連絡橋（明石海峡大橋）の眺望点を決める道路公団の委員会に個人として参加。

●橋梁を主題とする休憩施設の景観計画（土木学会年次学術講演会、田村幸久と共著）

10月、長男・慎太郎誕生

1973（昭和48）27歳

●観光施設配置における景観工学的アプローチ（第1回交通運輸計画シンポジウム発表報文集）
●ランドマーク景観と休憩施設の敷地計画（土木学会年次学術講演会、横山陽と共著）
●橋梁景観と休憩施設の計画（第11回日本道路会議特定課題論文集、田村幸久と共著）

1974（昭和49）28歳

6月、インテリア製作部門の投資失敗によりアーバンインダストリー倒産。
——僕と山本（和彦）と服崎（志郎）で、親会社の重役のところを回って談判しに行った（なぜ潰すのか）。元気っていうより無鉄砲だったんだよね。それで退職金100万くらいもらった記憶がある。そのとき、個人出資者で銀座で画廊をやっている人はいいことを言っていた。その人は会社を潰して露天商からやり直した。「若い君らだけで会社をつくるなら応援してやる」。つまり逃げ道をつくっているようじゃだめだということ。度胸の据わった人でした。

（明朝イタリック体は篠原修の言葉から　●：著作　□：作品・デザインなど）

●道路の機能と景観（施工技術、7[3]）

アーバンインダストリーの社員のうち、出向者は親会社に戻り、若手は東急電鉄や森ビルに移るか、独立していった。

——*東大闘争の最高の教訓は、つぶれないところは駄目だ、ということ。最後にぎりぎりになったときにどういう行動を取るか。出向組でやっている子会社は駄目だと思った。最後は親会社に逃げるから。*

——*ひとことで言うと、極めて面白い3年間だった。全くいつも新しいことだらけさ。*

鈴木忠義（東京工業大学教授）に相談し、7〜9月の間、鈴木研究室に通う。3ヵ月間は資格もなく浪人生活。

——*僕はいろいろ考えたんだけど、サラリーマンは3年やったからもういいか、と思った。忠さんは厳密に言うと恩師ではないんだけど、仲人を頼んでいたので相談に行った。やっぱり景観の勉強をやりたいんだけどと言ったら、いいよ、ということで忠さんの研究室に机をもらった。*

10月、東京工業大学研究生となる。鈴木忠義が草津の景観計画やプランニングに関するレポートなどの仕事を斡旋し、篠原がそれをこなして生活の糧を得ていた。

——*あとから女房に聞いてみたら、あのときはミルク代も出なかったと言っていた。（東工大の研究生になることについて）どんな風に女房に話したかよく覚えていないけれど、景観の勉強をやりたいから、それでいいかねと聞いたような気がする。（それでうんと言ってくれたのは）女房に対する最大の感謝だ。*

1975（昭和50）**29歳**

2月、長女・葉子誕生

10月、東京大学農学部林学科森林風致計画研究室助手となる。森林風致研OBの三田育雄（ラック計画研究所＝鈴木忠義の東大農学部時代の教え子が設立したプランニング会社）の推薦による。当時の森林風致研は鈴木忠義が東工大と併任の教授で、塩田敏志助教授、熊谷洋一助手がいた。堀繁（76卒、現・東大農学部教授）が篠原の指導した最初の学生だった。

——*（昭和）50年の夏ごろにはさすがにどうなるのかと考えていた。そうこうするうちに農学部に行くかという話になって、10月に助手に採用された。あのときも嬉しかった。*

——*あのころもほんとに面白かったねぇ。自然公園のことはやったことがないので、仕事は新鮮。*

●新交通システムの都市景観に及ぼす影響に関する一考察（土木学会誌、60[9]、樋口らと共著）

●土木構造物の景観に与える影響に関する研究（土木学会年次学術講演会）

1976（昭和51）**30歳**

建設省太田川工事事務所課長の松浦茂樹（71卒、現東洋大学教授）が、太田川の護岸整備を篠原に依頼する。しかし篠原は断り、中村良夫を紹介する。

——*塩田さんに相談したら、君はこっち（農学部）に来ているんだから土木の仕事はできないよ、と言われて断った。それで中村良夫さんを紹介した。あれは正解だった。当時の僕にはできなかった。*

●『農林水産土木ハンドブック』建設工業調査会（共著、第7章森林風致計画）

●土木景観の調査手法——イメージマップ法を中心として（第4回環境問題シンポジウム）

●景観構成要素としての道路構築物その1〜その3（土木学会年次学術講演会、窪田陽一、小野親一と共著）

●都市景観と土木施設（第10回土木技術研究会講演概要、東京都土木技術研究所）

1977（昭和52）**31歳**

●土木工学体系13『景観論』彰国社（共著、景観体験と景観の操作）

●景観操作因子としての樹林（日本造園学会春季大会）

●景観構造体としての土木構築物（土木学会年次学術講演会）

1978（昭和53）**32歳**

●橋梁と景観（都市景観と構造物）——景観への操作論的アプローチ（東京都土木技術専門研修テキスト）

●景観デザインの方法論的考察（土木学会年次学術講演会）

1979（昭和54）**33歳**

この年の夏前には博士論文がほぼ完成する。

——*ひどくてさぁ、卒論のときも修論のときも、農学部時代もそうなんだけど、査読付き論文を出さないとまずいというのを誰も教えてくれなかった。土木学会の全国大会で発表していればいいと思っていた。だからドクターもらったときまで査読論文の本数はゼロ。*

●都市施設と景観（東京都土木技術専門研修テキスト）

中村良夫の計らいにより、北村眞一（東京工業大学大学院博士課程）のヨーロッパでの学会発表と合流。ふたりでヨーロッパに3週間滞在。フランス（パリ、ニース）、イタリア、南ドイツ、オランダを廻る。

——*忠さんといい、中村良夫さんといい、土木の先輩は優しいんだよね。*

●関係の操作による景観のデザイン（土木学会年次学術講演会）

1980（昭和55）**34歳**

工学博士取得（東京大学工学部）。「景観のデザインに関する基礎的研究」（主査：八十島義之助、副査：松本嘉司、大谷幸夫、中村良夫、中村英夫、塩田敏志）。景観現象において、視点の周りの空間が重要であることを指摘し、視点場の概念を提出したはじ

めての論文であった。5分冊の大作である。
──大谷さんに論文を届けたときに、君、5冊もいらないよ、と言われた。
──論文が終わって、まぁほっとした気持ちだった。
- Bundes gartenschauのこと(土木学会誌、60[5])

4月、建設省土木研究所に異動する(道路部緑化研究室研究員)。同時に交通研究室の後輩である天野光一(78卒、80修)が入省する(道路部交通安全研究室)。
──いつまでも他学部出身で農学部にいるわけにいかないので、忠さんが談判してくれて土木研究所に行った。あのときは忠さんが一緒に行ってくれて、「常磐線は椅子の間隔が狭いんだよ」と言っていたのをよく覚えている。土研には、まあ5年くらいね、という話だった(結局6年間)。
──名古屋に出張に行ったとき、土木の同級生6〜7人と昼飯を食べたんだけど、みんな白けた感じだった。篠原は学生時代から土木から見ると亜流のことをやっていて、農学部に行ったのかと思っていたら、なんで急に土木の国家公務員になれるんだろう、という不愉快な感じがありありとしていた。彼らは苦労して公務員になったわけだから。

当時は景観に対する行政ニーズがなく、土木研究所には景観を理解する人もいなかったため、自由に研究をしていたという。屋代雅充(ラック計画研究所)、伊藤登(ポリテクニックコンサルタンツ)らとともに道路沿道建物のばらつきに関する心理実験や、河川の微地形に関する研究など、基礎的研究を行った。
──あのころは周りは景観なんか知らないわけだから、論文書いたら抜き刷りを送っていたんですよ。こういうのを書いていますって。それは景観の人に送ってもしょうがないんで、計画の人とか、橋の構造をやっている人に送った。

1982(昭和57) 36歳

- 新体系土木工学59『土木景観計画』技報堂出版
- 『美しい橋のデザインマニュアル』土木学会(分担執筆)
- 銀座通りにおける街路景観の変遷(第2回日本土木史研究発表会論文集、天野光一と共著)
- 道路・離人症と景観デザイン(道路と自然、No.35)

1983(昭和58) 37歳

土木研究所内で初めて行政ニーズに基づく景観研究として、建設省都市局公園緑地課の依頼で緑地の質に関する研究(植栽の機能効果に関する研究)を行う。

- 写真判断によるバイパス景観のタイプ分類と評価(土木技術資料、25[5]、芹沢誠らと共著)
- バイパス景観の変遷に関する研究(第3回日本土木史研究発表会論文集、天野光一、二上克次と共著)

1984(昭和59) 38歳

建設省大臣官房技術調査室の依頼により、建設省内の所管の枠を超えて景観形成を行う調整システムの検討を手がける。担当は白井芳樹(現オオバ)、技術調査室長が岩井國臣(現参議院議員)。この成果は1986年に「建設省所管施設間における景観整備マニュアル(案)」にまとめられた。
──そのころから、河川は河川、道路は道路で別々にやってもよくならないと思っていた。

- 『土木計画における総合化』技報堂出版(分担執筆、橋梁景観)
- 『国づくりのあゆみ』オーム社(分担執筆、風景づくりと土木)
- モンタージュによる街路景観の対高架構造物寛容度に関する研究(土木計画学研究論文集、No.1、山田晴利らと共著)
- 首都高速道路の景観評価(第4回日本土木史研究発表会論文集、天野光一、阪井清志と共著)
- 日本の街並と近代街路設計(土木学会誌、69[8])

1985(昭和60) 39歳

- 『街路の景観設計』技報堂出版(編、共著、街路の景観設計の考え方)
- 街路景観のまとまりに及ぼす沿道建物の効果に関する計量心理学的研究(土木学会論文集、No.353、屋代雅充と共著)
- 首都高速道路の計画と設計思想(土木計画学研究論文集、No.2)
- 語源から見た西欧と日本の道概念の比較(第5回日本土木史研究発表会論文集)
- 景観工学の立場から──景観研究の今日的課題(都市計画、No.138)

1986(昭和61) 40歳

東京大学農学部林学科森林風致研究室助教授となる。塩田敏志教授から篠原に白羽の矢が立った。このとき、助手時代の学生だった堀繁が環境庁から、下村彰男がラック計画研究所から助手として戻っていた(ともに現東京大学農学部教授)。教え子に上島顕司(現国土技術政策総合研究所)、小野良平(現東京大学農学部助教授)など。
──あの時が転職の中で一番嬉しかった。嬉しくて酒を飲みすぎて、たまプラーザ駅の東急S.C.のベンチで寝てしまったことがあった。

井上忠佳(建設省土木研究所緑化研究室長、現創建)の紹介により、松戸広場の橋・森の橋の景観検討委員会の委員となる。実質的には田島二郎(埼玉大学教授・故人)と篠原との協議でデザインが進められた。これが篠原にとって初めての土木デザインの経験となる。
──あれもそうで、やったことがないからこれは面白いかもしれないと思った。橋のことなんてよくわからないから、いろいろ勉強した。

自然風景に関する一連の研究に対して、国立公園協会より田村賞が授与される。

- 『緑のマスタープラン作成の手引き(改訂版)』(日本公園緑地協会、建設省都市局都市計画課監修)
- 『建設省所管施設間における景観整備マニュアル(案)』

(明朝イタリック体は篠原修の言葉から　●：著作　□：作品・デザインなど)

（土木研究センター、建設大臣官房技術調査室監修（岩井國臣らと共著））
- ●景観工学の成長が意味するもの（土木学会誌、71[1]）
- ●都市高速道路の景観設計思想の比較研究──東京、大阪、ニューヨーク、パリを対象に（土木計画学研究論文集、No.3、天野光一と共著）
- ●河川微地形の形態的特徴とその河川景観設計への応用（土木計画学研究論文集、No.4、伊藤登らと共著）
- ●田村賞受賞と私の研究（国立公園、No.433）
- ●Visual Vulnerability of Streetscape to Elevated Structures（Environment and Behavior、18[6]、H.Yamadaと共著）

1987（昭和62）41歳

- ●『アメニティ都市への途』ぎょうせい（共著、生活様式と都市のアメニティ）
- ●『水環境の保全と再生』山海堂（共著、水辺空間の設計）
- ●『江戸東京学事典』三省堂（分担執筆）
- ●利用思想の確立を（国立公園、No.466）
- ●大都市東京の将来展望（土木学会誌、72[4]）
- ●景観工学の来し方、将来を語る（土木学会誌、72[9]、中村良夫、樋口忠彦と）
- ●「名所江戸百景」に見る水辺空間──東京の水辺の再生に向けて（東京人、緊急増刊号、1987.10）

1988（昭和63）42歳

東京大学工学部土木工学科で景観設計の講義と演習を担当する（講義は中村良夫と分担、演習は窪田陽一と分担）。土木工学科の進学振り分け※の定員割れへの対応策として、土木工学科は社会基盤工学と社会基盤システム計画の2部門に分けられた。このうち、社会基盤システム計画部門のカリキュラムの一環として、岡村甫教授の発案により景観に関する講義・演習が設置された。

※東京大学では2年から3年に進学する段階で専門を決定する（進学振り分け制度）。学生が進学希望部門を申告し、2年夏学期までの成績順で進学者が決定される。

――*講義はともかく、設計演習はものすごくレベルが低かった。*

- ●『トランジットモールの計画』技報堂出版（分担執筆）
- ●『道路景観整備マニュアル（案）』大成出版社（編著）
- ●本四連絡橋のデザインを語る（土木学会誌、73[3]、田島二郎、伊藤學と）
- ●シヴィックデザインをどう育てるか（土木学会誌、73[10]）
- ●体験された風景の構造（造園雑誌、51[5]、堀繁らと共著）
- ●都市の水辺の利用思想について（新都市、42[9]、上島顕司と共著）
- ●景観行政のすすめ（都市計画、No.155）

暮れごろ、農学部林学科主任の南方康教授より、新年度より講座担任への就任内定の連絡を受ける。これは教授昇任を前提とした話である。

1989（平成元）43歳

農学部での教授昇任について、鈴木忠義より強い反対を受けて断念する。

――*忠さんに「土木は全国にたくさん学科があって（教授の）ポストは余るほどある。森林風致のポストはほとんどないのに、土木出身のお前が教授になるのはまかりならん」と言われて。忠さんには逆らえませんから。*

4月、建設省シビックデザイン導入手法検討委員会（委員長・中村英夫）の幹事長となる（91年まで）。その成果はレポートにまとめられ、講習会や建設大学校（現国土交通大学校）での研修も開始された。行政が景観を意識するようになったのは、この委員会の活動成果によるところが大きい。

――*シビックデザインという言葉は僕がつくった。最初は評判悪かったね。「ホンダですか」とか言われた。*

11月、工学部土木工学科助教授（測量研究室）に異動。篠原の処遇を心配した中村良夫（東京工業大学教授）が中村英夫（東京大学教授、測量研究室）に相談したことから東大土木への異動が実現する。このころ、日本大学理工学部交通土木工学科の三浦裕二教授が引き取るという動きもあったようである。

――*89年の春から夏にかけて、生まれて初めて胃が痛くなった。嫌でじつに不愉快だった。こんなに居心地のいい森林風致で行けそうなのになんで土木に戻らなければならないのか。当時は土木に対してそんなにいい印象を持っていなかった。*

- ●『土木工学ハンドブック』技報堂出版（第51編造園・植栽主査・分担執筆）
- ●『景観づくりを考える』技報堂出版（共著、土木景観設計の原則）
- ●戦前期における風致地区の概念に関する研究（造園雑誌、52[5]、種田守孝らと共著）
- ●水辺階段の型と形に関する研究（造園雑誌、52[5]、石井圭らと共著）
- ●広重・五十三次に見るみどころ演出法（造園雑誌、52[5]、小野良平と共著）
- ●都市景観と鉄道デザイン（日本鉄道施設協会誌、27[10]）
- ●シビックデザイナーと計画思想家を育てよう（土木学会誌、74[2]）
- ●シヴィックデザイン批評（Civic Design、No.1）
- □森の橋、広場の橋（千葉）1989年度土木学会田中賞
- □土木学会カレンダーのデザイン

1990（平成2） 44歳

前年は年度途中の異動だったため学生の論文指導はなく、この年から卒論生を指導する。最初の学生は平野勝也（現東北大学講師、91卒93修）、伊藤晃之（現国際協力銀行、91卒93修）。

——どうしたって居候だから遠慮があって、あまり言わなかったら、ある時ヒデさんに怒られたことはよく覚えている。「君さぁ、そんな居候みたいな責任感ないことじゃ駄目なんだから、もっとどんどん発言してくれよ」って。

- 『自然環境アセスメント指針』朝倉書店（分担執筆）
- アメニティとエコロジー、アイデンティティを考える（都市問題研究、42[1]）
- 座談会「公共デザインの現状を憂えて」（Civic Design、No.2）
- 日本人の風景了解と利用思想（観光、No.282）
- 都市のイメージ骨格形成と土木——東京を例に（土木学会論文集、No.415）
- 武蔵野のイメージとその変化要因についての考察（造園雑誌、53[5]、山根ますみらと共著）
- 国民休暇村にみる自然公園集団施設地区の計画思想（造園雑誌、53[5]、堀繁らと共著）
- 街路の格とアメニティ（国際交通安全学会誌、16[2]）
- 伝統的橋詰のデザイン規範——江戸後期の図会類を分析資料にして（土木史研究、No.10、堀繁らと共著）
- 伝統的な水辺のアースデザインの型とデザイン原則に関する研究（土木計画学研究論文集、No.8、上島顕司と共著）
- 対談 シビックデザインを語る（窪田陽一と、日刊建設工業新聞、1990.11.19）

1991（平成3） 45歳

6月、教授に昇任。篠原の教授昇任は、鈴木忠義がはじめた景観工学が、30年を経てようやく東大土木で継続的に取り組む研究分野として認められたことを意味する。

——比喩が正しいかどうかわからないけど、次郎長一家でいえば、大政が中村良夫さんで、小政が村田（隆裕）さん。大瀬の半五郎が樋口（忠彦）さんで、俺は番外の森の石松なんだから。そのときは（東大の教授は）本当は中村良夫さんが就くべきポストだよなぁと思った。

——主流っていうのはしんどいよね。（東大土木のある）1号館で教えるのは重い。講義も本当は嫌だったなぁ。

中井祐（現東京大学助教授［景観研究室］、91卒93修）が修士課程から篠原の指導を受ける。

都市環境デザイン会議（JUDI）設立。篠原は土木担当代表幹事として参加。土木・建築・造園といった職能を超えて活動する団体として篠原は期待するが、実際にはサロン的な活動が中心になったため、2年後に自らが中心となって景観デザイン研究会を発足させることとなる。

- 『港の景観設計』技報堂出版（編、共著）
- 街路空間における自動販売機設置の実態とその分析——景観形成の観点から（都市計画論文集、No.26、伊藤晃之と共著）
- シビックデザインとは（JACIC情報、6[1]）
- まちづくりにおける地域個性の表現（地域開発、91[5]）
- 今こそ意識水準の自己改革を（Civic Design、No.3）
- 快適環境づくりは土木技術者の使命（建設業界、40[6]）

1992（平成4） 46歳

齋藤潮（運輸省港湾技術研究所、東京工業大81卒、同83修）を土木工学科助教授に迎える（橋梁研究室）。翌年の景観研究室発足を見込んでの人事である。

——（齋藤潮の師匠の）中村良夫さんに、こういう研究室をつくりますんで齋藤潮を引っ張りますよと言ったんだ。

- 表参道（建設業界、41[1]）
- 東京市街地線鉄道高架橋（建設業界、41[5]）
- 札幌の街づくり（建設業界、41[9]）
- 日本におけるヴィスタ設計の受容と変容（土木計画学研究講演集、No.15、平野勝也と共著）
- 江戸・東京の都市景観形成原理（土木計画学研究講演集、No.15、北河大次郎と共著）
- シビックデザインを担う人材（土木学会誌、77[3]別冊増刊構造デザイン特集）

□八尾歴道（富山）

□明和橋（東京）

1993（平成5） 47歳

4月、景観研究室発足。篠原教授、齋藤助教授、秘書（高橋陽子、大木理恵）、学生6名（修士3、学部3）という体制。

篠原の呼びかけにより景観デザイン研究会設立。これは土木の設計コンサルタントやゼネコン、大学の研究者が集まって研究・相互研鑽する目的で組織された任意団体である。同研究会は会社や立場を超えて景観に携わる技術者、実務者、研究者を結ぶ役割を果たした（発足当初：法人会員37社、個人会員21名、解散時：法人会員43社、個人会員34名）。篠原は2005年の解散まで会長を務めた。

- 『Visual Structrure』鋼橋技術研究会（編、共著）
- 景観研究の系譜と展望——風致工学から景観設計へ（土木学会論文集、No.470）
- シヴィックデザイナーから見た造園家（造園雑誌、56[4]）
- 東京の公園（建設業界、42[5]）
- 名古屋の都市改造（建設業界、42[6]）
- 戦災復興と杜の都（建設業界、42[7]）

(明朝イタリック体は篠原修の言葉から　●：著作　□：作品・デザインなど)

●対談：公園に閉じこめられた公園(Civic Design、No.4)
□鵠沼橋と橋詰広場(神奈川)

1994(平成6)　48歳

東京大学大学院工学系研究科土木工学専攻長(95年まで)。篠原はいわゆる学内行政には興味がなく、専攻長職はきわめて苦痛であったと述懐しているが、阪神淡路大震災を踏まえ、防災部門の拡充のための専攻教官定員増を実現させた。

1月、石井信行(石川島播磨重工業、東京工業大85卒、ヴァージニア工科大91修)を景観研究室助手に迎える。

久比岐大橋(現謙信公大橋)コンペ最優秀賞。土木ではまだ設計競技が一般的でないなかで、建築家3名、土木2名の5者の指名コンペであった。内藤廣もこれに参加していたことがのちに判明した。
——*初めてのコンペで、一緒にやった大野美代子さんの事務所で、石井(信行)君や学生も交えて連日作業や議論をしていた。*

●『橋の景観デザインを考える』技報堂出版(編、共著)
●『日本土木史』技報堂出版(共著)
●コンクリートの形を求めて(セメント・コンクリート、No.570)
●橋の景観デザインとその担い手(プレストレストコンクリート、36[6])
●土木批評に寄せて(日経コンストラクション、1994.8.26)
●定山渓国道の造形(建設業界、43[6])
●水都・佐賀(建設業界、43[11])
●日本の景観デザインを考える(環境新聞、1994.9.21)
□皇居周辺道路(東京)
□辰巳新橋(東京)

1995(平成7)　49歳

●『日本土木史1966-1990』土木学会(分担執筆、景観工学と環境保全)
●『コンクリート構造のエセティクス』土木学会(編・分担執筆)
●「水防の風景・輪中」「牛伏砂防」「水防林」「遍路道——同行」「鉄道防雪林」(建設業界、44[1][5][8][10][12])
●水理学的知見に基づく自由落下型落水形態の表情予測とデザイン方法論(土木計画学研究・論文集、No.12(星野裕司と共著))
●土木の風景——皇居周辺道路(日経コンストラクション、1995.5.26)
□東京湾横断道路(東京・千葉、1996年度土木学会田中賞)
□大杉橋(東京)

1996(平成8)　50歳

天野光一(日本大学助教授)を景観研究室助教授に迎える。齋藤潮は東京工業大学助教授に転出。

●「三四郎池」「建築家山口文象の橋とダム」「西都原古墳」「広島・太田川」「幌内川」「郡上八幡」「落水表情の妙」「小樽水源池ダム」「津和野の川のデザイン」「近江八景」「白河南湖の理念と風景」「多摩川——持続する僕の風景」(建設業界、45[1]〜[12])
●商品情報伝達形式からみた商業地の街並みの景観特性(土木計画学研究論文集、No.13、福井恒明、平野勝也と共著)
●粗度が大きい緩勾配斜路における流水表情(土木計画学研究論文集、No.13、池田大樹、逢澤正行と共著)
□山梨リニア実験線橋梁(大原高架橋・小形山架道橋・桂川橋)(山梨)

□建設省東北地方整備局「美しい国土づくりアドバイザー制度」全国アドバイザー(〜2000年)

1997(平成9)　51歳

土木学会の常置委員会のなかに景観・デザイン委員会が設立される。篠原はその実現に奔走し、初代幹事長となる(委員長は中村良夫)。

──全体として組織のスリム化に向かっていた土木学会が、新しい委員会をよく設立してくれたと思う。

- ●『日本の水景──持続する僕の風景』鹿島出版会
- ●『東京のインフラストラクチャー──巨大都市を支える』技報堂出版(共著、「近代東京の骨格形成」)
- ●昔に比べてはるかに豊かな現代技術者に土木遺産となるデザインができない?(日経コンストラクション、No.196)
- ●規範としての近代土木遺産(Glass & Architecture、summer 97)
- ●建築と土木のコラボレーション(Glass & Architecture、summer 97)
- ●一つの近代古典土木への途(造景、No.8)
- ●規範風景と河川(造景、No.11)
- ●得な橋、損な建築──橋と河岸の風景(新建築、1997.11)
- ●地図計測と微地形から読み解く城下町の設計(建築雑誌、No.1406)
- ●水理学的知見に基づく落水表情の予測とデザイン(水工学論文集、No.41、逢澤正行と共著)
- ●音声情報の役割に着目した商業地街路の性格分析(土木計画学研究論文集、No.14、新屋千樹、齋藤潮、平野勝也と共著)
- □東京臨海副都心道路(東京)

1998(平成10) 52歳

中井祐(東京工業大学助手)を景観研究室助手に迎える。石井信行は山梨大学講師に転出する。

旭川駅周辺整備プロジェクトをきっかけに、建築家の内藤廣(早稲田大74卒、同76修)と知りあう。

- ●『景観用語事典』彰国社(編)
- ●「牛深ハイヤ大橋　シヴィックデザイン批評」「中筋川ダム　シヴィックデザイン批評」「辰巳新橋設計意図　シヴィックデザイン批評」「門司レトロ事業のデザイン　シヴィックデザイン批評」「中央線東京駅高架橋　シヴィックデザイン批評」「古河総合公園　シヴィックデザイン批評」(建設業界、47[1][5][7][9][10])
- ●鉄道エンジニア達のデザインと景観(日本鉄道施設協会誌、1998.7)
- ●水理学的知見に基づく落水表情と流水表情の予測手法(土木学会論文集、No.590、逢澤正行と共著)
- ●自由落下型と越流型の落水表情についての実験的研究(土木学会論文集、No.593、逢澤正行と共著)
- □中央線東京駅高架橋(東京、土木学会デザイン賞2001最優秀賞、1996年度土木学会技術賞)

- □津和野川護岸・広場(島根、土木学会デザイン賞2002優秀賞受賞)
- □浦安 境川(千葉、土木学会デザイン賞2002優秀賞受賞) 
- □津和野町(島根)のまちづくり 

1999(平成11) 53歳

3月、フランス国立工芸院(CNAM)教授A.Guillerme教授の招聘により、1ヵ月間客員教授としてパリに滞在する。

──当時パリに留学していた北河(大次郎)君(92卒)にアパルトマンを借りてもらった。1ヵ月メトロのパスツール駅辺りに居たんだけれど、きわめて面白い体験だった。パリは散歩の天国だった。

- ●『土木造形家百年の仕事──近代土木遺産を訪ねて』新潮社
- ●『或るエンジニア・アーキテクトの仕事』景観研究室
- ●社会資本を作る──人の情熱とシステムの問題(土木学会誌、84[8])
- ●「特集 シビックデザイン──身近な土木の形(以降の10年(土木学会誌、84[11])
- ●景観という川の見方(科学、69[12])
- ●江戸における城下町中心部の都市設計(土木学会論文集、No.632、阿部貴弘と共著)
- □阿嘉大橋(沖縄土木学会デザイン賞2001優秀賞、1998年度土木学会田中賞) 
- □千葉モノレール栄橋(千葉)

（明朝イタリック体は篠原修の言葉から　●：著作　□：作品・デザインなど）

□千葉駅前シンボルロード（千葉）

『土木造形家百年の仕事』が1999年度土木学会出版文化賞を受賞する。
――*（賞をもらうのは嬉しいですか、との問いに）僕は全然。景観ていうのは賞なんて関係ない。弟子が育っていることの方が嬉しいですよ。忠さん（鈴木忠義）に「篠原君ねぇ、それなりにやる奴は金を残す。もうちょっと上だと仕事を残す。一番いいのは人を残すことだよ」と昔からさんざん言われたから。*

2000（平成12）54歳

福井恒明（清水建設、93卒95修）を景観研究室助手に迎える。

- ●『コンクリート構造のデザイン』土木学会（編）
- ●ヨーロッパのエンジニア・アーキテクト魂（橋梁と基礎、34[1]）
- ●人材の育成とネットワーク（土木学会誌、85[6]）
- ●歴史的環境としてのヴァナキュラー環境評価（土木計画学研究論文集、No.17、阿部貴弘と共著）
- ●正保絵図を用いた桑名城郭の微地形復元（土木計画学研究論文集、No.17、江上雅彦と共著）
- □大波戸橋（長崎）

□勝山橋（福井）

□新港サークルウォーク（神奈川、1999年度土木学会田中賞）

2001（平成13）55歳

内藤廣を景観研究室助教授に迎える。建築出身者を土木工学科の教官に迎えるのは東大土木はじまって以来初めてのことである。天野光一は日本大学教授に転出する。

――*仕事で同じ飛行機に乗ったとき、内藤さんに（助教授になる）話を切り出した。最初は「えぇっ」って驚いて、少し考えさせて欲しいと言って、帰って奥さんに相談したんだ。奥さんは「あなたそれは面白いんじゃないの」と賛成してくれたそうだ。その当時そんなに建築家は知らなくて、内藤さんのような人は何人もいるのかと思ったら、全然いないんだよね。僕は論理的じゃないけど、勘はいいんだよね（笑）。*
――*（建築出身の内藤の人事を認めたことについて）東大土木の教官たちは懐が深いと改めて思った。*

- ●土木の仕事と近代化遺産（新建築、76[1]）
- ●土木の形（新建築、76[2]）
- ●対談：景観をつくるエンジニア・アーキテクトの視点（新建築、76[3]）
- ●近世城下町大坂の船場・島之内地区における城下町設計の論理（土木史研究、No.21、池田佳介、阿部貴弘と共著）
- ●本と私――乱読を無理に系統立ててみると（土木学会誌、86[9]）
- □陣ヶ下高架橋（神奈川、土木学会デザイン賞2003最優秀賞、2001年度土木学会田中賞）

□桑名・住吉入江（三重、土木学会デザイン賞2004優秀賞）

- □加賀市（石川）のまちづくり
- □青梅市（東京）のまちづくり

2002（平成14）56歳

このころから自らを「土木設計家」と称するようになる。
――*土木にもデザインを専らにする人間が居ることを示したかった。それは後進のためでもあるし。*

地方都市の景観形成についてアドバイスを求められることが多くなり、単体の構造物・空間の設計指導から、まち全体の景観デザインに関するディレクター的役割へと活動を広げるようになる。信頼できるデザイナー、プランナーとのコラボレーションによりまち全体のデザインをする仕事の方法が定着しはじめる。

- ●「首都高という鏡」「路面電車という古女房」「二つの都市デザイン」「パッチワーク都市・横浜」「美しい町、金山」「ついに実現、本物のニュータウン」「栄枯盛衰またの名を哀愁」「京都・都市のしたたかさとは」「新幹線の駅と都市戦略」「風景の発見と創造・美瑛」「アーケードの可能

性」「戦後都市づくりのいきつくところ」(建設業界、51 [1]～[12])
- 土木から景観デザインへ(GA Japan、No.56)
- デザイン力で都市再生(日本経済新聞、2002.8.29)
- 価格よりデザイン力で競え(朝日新聞、2002.9.5)
- 10年やって、やっとわかったこと──デザインの近代主義と市民の要求(ドーコンレポート、Vol.163)
- □日南市油津(宮崎)のまちづくり

2003(平成15) 57歳

4月、篠原の教え子である西山健一(98卒00修)、崎谷浩一郎(99北海道大卒、01修)が、有限会社eau(イー・エー・ユー)を設立する。彼らは景観研究室を卒業後、デザイナーを志して一度就職したのち、博士課程学生として研究室に戻っていたが、篠原の勧めにより土木デザインの会社を設立した。

- 『土木デザイン論』東京大学出版会
- 『建築画報VA「土木デザインの現在＋コラボレーション」』建築画報社(監修、共著)
- 『都市の未来 21世紀型都市の条件』日本経済新聞社(編、共著)
- 今、土木の人間に考えてもらいたいこと(土木学会誌、88[4])
- 「都市再生」は散歩道の整備から(日刊建設工業新聞、2003.2.26)
- □朧大橋(福岡、土木学会デザイン賞2004優秀賞、2002年度土木学会田中賞) 
- □新神楽橋(北海道) 
- □謙信公大橋(新潟、2004年度土木学会田中賞) 
- □長崎常盤出島歩道橋群(長崎、グッドデザイン賞金賞) 
- □河戸堰(高知) 
- □野蒜水門(宮城)
- □勝山市(福井)のまちづくり
- □松山市(愛媛)のまちづくり

「GROUNDSCAPE──篠原修とエンジニアアーキテクトたちの軌跡」展を開催(2003.5.9～6.14、TNプローブ、表参道)。土木分野における個人の作品展としては日本初の試みであった。入場者は4,500人を超え、土木建築系の展覧会としては大成功を収めた。本展覧会の開催は篠原の仕事を広く世に知らしめようとする内藤廣の強い意思によるもので、「GROUNDSCAPE」という言葉は、土木が大地と格闘する仕事であることを表現しようとした内藤の造語である。展示物制作のために景観研究室はもとより全国の大学から160名あまりの学生が集まり、また日ごろから篠原と協働している小野寺康都市設計事務所やワークヴィジョンズを中心に多大なエネルギーが投入された。展示の中心は9体のコルクによる巨大な1/250地形模型であった。その制作の中心となった若い景観研究室OBや学生は「GS世代」として、大学や専門の枠を超えた人脈を形成しつつある。

──内藤廣には志がある。それに精神的にも肉体的にも極めてタフだ。人集め、金集めには相当な苦労があったと思う。僕は何も口を出さなかった。学生たちの熱気はすごかった。

2004(平成16) 58歳

前年のGROUNDSCAPE展を機に、景観研究室の修士課程に進学を希望する東大以外の学生、とくに建築出身の学生が飛躍的に増えた。

(*明朝イタリック体は篠原修の言葉から*　●：著作　□：作品・デザインなど)

- ●『グラウンドスケープ宣言　土木・建築・都市——デザインの戦場へ』丸善（共著）
- ●風力発電　建設地は国立公園を避けよ（朝日新聞、2004.3.16）
- ●近世城下町大坂の下船場地区における城下町設計の論理（土木学会論文集、No.758、阿部貴弘と共著）
- ●デザインチーム編成による駅空間のデザイン——日豊本線・日向駅を例に（土木計画学研究講演集、No.29）
- □苫田ダム（岡山） 
- □地獄平砂防（岐阜）
- □大分市（大分）のまちづくり
- □平泉町（岩手）のまちづくり
- □国土交通省東北地方整備局「景観アドバイザー」
- □国土交通省関東地方整備局「景観アドバイザー」

2005（平成17）　59歳

5月、GSデザイン会議が発足（代表：篠原修、内藤廣）。

9月、景観デザイン研究会解散。
景観デザイン研究会は12年間で40以上の研究部会が活動し、2度の展示会、『景観用語事典』『ブリュッケン』の出版など、有形無形の成果を挙げた。解散は12年間会長であった篠原自身の発案によるものである。美しい国づくり政策大綱（2003）や景観法公布（2004）を踏まえ、土木の枠を超えてより広い立場の人々と連携する必要があることや、組織依存型でない個人ネットワークの必要性を強く認識した結果である。時代の流れを見据えて景観を志す者の連携を再構築し、かつ長い目で見た世代交代を意識しての動きだと考えられる。

10月、福井恒明講師は国土技術政策総合研究所へ転出。

12月、第1回景観・デザイン研究発表会開催。東大土木に移ってからは、学会の場で自ら研究発表することはほとんどなくなったが、2004年の土木計画学研究発表会と本研究発表会では単著での講演を行っている。とくに本研究発表会では景観の目標像に関する論説発表を行い、樋口忠彦と齋藤潮を司会・コメンテータとして活発な議論が行われた。

- ●『都市の水辺をデザインする——グラウンドスケープ群団奮闘記』彰国社（編、共著）
- ●規範風景——景観形成の目標像の手掛りとして（景観・デザイン研究講演集（CD-ROM）、No.1）
- ●グレイン論に基づく街並みの歴史的イメージ分析（土木学会論文集、No.800、福井恒明と共著）

□新小倉橋（神奈川）

□熱海市（静岡）のまちづくり
現地見学懇親会での学生との語らい（浅草・神谷バー）

2006（平成18）　60歳

3月、東京大学を定年退職。この時点で景観研究室は篠原教授、内藤教授、中井助教授、秘書（高橋（池田）陽子、山田洋美）、学生32名（博士4、修士18、学部7、研究生3）の37名という大所帯であった。

- ●『篠原修が語る日本の都市——その伝統と近代』彰国社

※文中の組織名や肩書きは当時のものである。また、おもな人名には大学の学部卒業年、修士修了年、博士修了年（西暦）を付した。大学名の記載のないものは東京大学である。

※設計指導等は竣工年、まちづくりは実質的に関わりはじめた年に記載した。まちづくりには完成がないためである。篠原は「地方のまちづくりの仕事は終わりがないので案件が増える一方だ」と苦笑交じりに言う。

[年譜解説]
篠原の中の少年
福井恒明

■年譜作成の意図

　この年譜は、篠原修へのインタビュー（2005年8月）をもとに構成したものである。篠原の経歴はもちろん公になっているが、その時々にどのようなことを考えてきたのかを明らかにするのがこの年譜の意図である。インタビューをはじめてみると、幼少期から学生時代、東大闘争、6ヵ所もの職場など、聞くべきことは多く、当初は3時間程度と考えていたインタビューに結局6時間あまりを費やした。

　年譜編集の際には篠原の述懐をできるだけ尊重した。内容の裏づけについてできる限りの確認は行っているが、事実と異なった部分がある可能性も否定できない。しかし年譜の狙いは篠原修という人間が何を考えてきたかを知ることで、事実の確認ではないので、その点はお含みいただきたい。

　また、論文やデザイン、そのほかの業績については、篠原がそれぞれの時代に取り組んできたテーマがわかる程度に取捨選択している。今年で東京大学を定年退職するといっても、篠原の活動は今まさに脂が乗った状態にあり、「業績集」をまとめるのは時期尚早である。それは別の機会に譲りたい。

■醒めた都会の優等生

　ここ5〜6年、東大景観研究室の志望者に対する面談は、まず最初に出身高校、血液型、酒・煙草を嗜むかどうかを尋ねる習わしになっている。もちろんそれは採否には何の影響もない。だが、どんな人物なのかを推し量るには（後のふたつはともかく）出身高校は重要だ、と篠原は言う。十代後半の人格形成期に過ごした環境は、必ずその人物に影響を与えるというのだ。

　そのことは篠原自身についても当てはまる。篠原が卒業した東京教育大学附属駒場高校（現・筑波大学附属駒場高校、以下教駒）は、学年の半数以上が東大に進学するという、ある種異常な学校である。小学校時代には親族のなかで特別勉強ができたという篠原少年も、教駒にあってはone of themに過ぎないことを自覚する。自分の能力を過信せず、醒めた目で周囲と自分とを相対的に見ながら、自らの行動や進路を考えていく、という都会の進学校の優等生に特有の生き方を、篠原は教駒で身につけたのだろう。

　そして東大闘争やアーバンインダストリー倒産といった、非日常的な極限的状況における周囲の人々の動きを見ることで、過度に情緒的にならない他人との関係が形成されたと思われる。

　「僕はいつも醒めている。それは欠点でもある」と篠原は言う。

■立ち止まれない

　学生のころ、篠原に「ひとつの職場に3年もいれば、その仕事の大体のことはわかる」と言われたことがある。経験を積んでその世界のプロフェッショナルとなるのにはむろん短いが、新しいことを一通り経験する時間としては妥当であろう。そして、3年以上同じことをやり続けるのは篠原にとって退屈なことに違いない。

　それにしても、篠原の旺盛な好奇心には目を見張る。スポーツでは、小学校の野球、中学のテニス、高校のサッカー、大学ではバレーボールと次々に鞍替えする。アーバンインダストリーの3年間はいつも新しいことばかりで面白かったと述べ、初めてデザインを手がけた松戸の橋についても、やったことがないから面白いかもしれないと思った、という。

　それ以上に注目すべきなのは、研究や論説のテーマである。自然景観や眺望、国立公園、街路景観（沿道建物）、道路景観（バイパス）、首都高速道路の計画・設計思想、河川の微地形、水辺デザインの型、景観行政、都市イメージの形成などなど。次から次へと新しいものへ興味が移っている。東大景観研究室で学生に与えた卒論・修論テーマも多岐に亘る。

主なものだけでも、景観認識論、街並みメッセージ論、グレイン論、景観水理学、河川構造物史、構造デザイン、駅空間の設計史、水都論／城下町研究、飛行場史、エンジニア研究などがある。その多くは教え子の博士論文にまで発展していることからも、単なる思いつきではないことは明らかである。

普通の研究者は、ひとつの課題に長い期間を掛けてじっくりと取り組むことが多い。篠原のように、こんなにも多くのテーマを同時進行で手がけることは稀である。そのうえ研究だけでは飽き足らず、構造物のデザインをはじめて土木設計家を名乗り、さらに最近ではまちづくりも手がけるようになった。

中村良夫が古河総合公園の作庭にコンクリート2次製品を使っているという話を耳にして、「あの人は凄い。ひとところに留まっていない」と篠原は感嘆していたが、自身もひとところに立ち止まってはいられない性分である。つねに新しいことをやってみようという篠原少年の好奇心は、現在まで一貫して変わることがない。

■教育者としての素山先生

「素山」というのは篠原の俳号である。研究も素人、教育も素人、デザインも素人、つまり素が三（山）で素山だという。自らを茶化した照れ隠しだが、素人でありつづけることは、つねに新しいことに挑戦することでもある。研究も教育もデザインも、これからやる気十分と読める。ずいぶん前向きな号をつけたものである。この素山先生の教育については年譜に十分表現できなかったので、ここで補足しておきたい。

本人も認めるところであるが、じつは篠原は講義をやりたくない方である。東大社会基盤学科での景観のカリキュラム（学部2年秋〜修士）のうち、篠原の講義は実質的には1コマ（1学期分）しかなかった（ほかに都市計画が1コマ）。しかしこれには別の意図がある。カリキュラム改訂のたびにほかの教官たちが自分の講義を増やそうとするのに対し、篠原は演習の拡充を指示した。手を動かすことや、それをもとに議論することを重視したのである。景観の本質的な目的は、理論の構築よりも、実際によい景観を保ち、あるいは創出することにある。そのためには建築と同様に演習中心の教育が適している。しかし篠原自身はデザイン演習の細かな指導はできない。その代わりデザインのできる内藤廣や中井祐を呼び寄せた。自ら手を下さなくても体制を整えて目指すところを実現させる、じつにプランナー的な動きである。

ここ数年の篠原は多忙を極めているが、夜遅くまで仕事を続けることはしない。出張のない日の夜には本郷・落第横丁の小料理屋「ゆい」のいつもの席に座っている。だが私にいわせればここが一番の教育の場なのである。篠原の恩師・鈴木忠義によれば、シンポジウムとは酒を飲みながら議論することだそうであるが、まさにそのシンポジウムがここで開かれる。学生や研究室スタッフ、OB、仕事仲間はここで本音で篠原と議論し、その考え方に接するのである。たとえば景観分野の展望や活動戦略が話し合われ、まちづくりの切り込み方が画策される。専門分野を離れて政治や歴史、文学が語られることもある。人間の幅を広げられるこの時間は講義や論文指導よりよほど意義深い。この場にいると、学生に知識を授け、首尾よく論文を仕上げさせて送り出すことだけが教育ではないことを痛感する。

論文の締切時期が近づいてくると、寸暇を惜しむ学生たちは「ゆい」に寄りつかなくなる。すると篠原は「学生は来ないのか。そうか、みんな忙しいのか」と少し寂しげに言う。しかしすぐに「じゃあ、今日はふたりで飲むか」。師匠と弟子の関係は何年経っても変わらない。

篠原修 近影

あとがき

誰のためでもなく

「篠原先生が退職されるのを機に、先生が関わった仕事をまとめて出版しようと思う。ただ、つくるからには今まで土木の世界にはなかったような作品集にしたい」。この本は中井さんのこんな言葉からはじまったと思います。たしかに日本には土木に関する本格的な作品集はなく、実務者や設計を志す学生が参考にできる本をつくることは非常に価値のあることだと思いました。しかしその一方で、以前に橋の設計実務をしていた立場から考えると、"先生の作品集"というテーマに少なからず戸惑いを覚えたのも事実でした。それは、先生が設計指導をされたとはいえ、あくまでも個々の作品は担当された設計者の作品集として世に出されるべきであるとの思いがあったからであり、結果的にこれからやろうとすることが先生に対して失礼にならないだろうかというおそれを感じたからでした。この戸惑いは編者全員に共通のものでしたが、それと同時に、先生が関わっていなければこのような風景にはならなかったという確信も共通のものとしてありました。これらの矛盾を解き、その確信を世に問うてみたいという強い欲求に動かされて、私たちは、先生が関わった意味、つまり土木における風景デザインをテーマに編集作業をはじめました。

風景デザインをどのように表現するのかについて数多くの議論を重ねることで辿り着いたのは、作品を3つのコンテンツにより構成していくことでした。最も重要なコンテンツとして位置づけたのは写真でした。ここには、まずは素直に風景を感じてもらいたい、そして批評する材料にしてもらいたいとの思いが込められています。できるだけ風景を伝えられる写真であるために、あえて構造物を専門とする方ではなく、風景写真家である河合隆當さんに撮影をお願いしました。そして、ふたつめのコンテンツは位置図に近いスケールを持つ配置図です。ここでは、風景デザインは、重要な視点における構造物とその背景の見え方を考えればよいという単純なものではなく、その場所における意味や果たすべき役割もまた考慮されて導かれるものであることを表現したいと考えました。たとえば、水の豊かな勝山市には町中のいたるところにきれいな水の流れる小さな水路があります。「大清水広場」は、そのひとつの水路を改修し、水路と一体となるようにつくられた広場です。この広場には、勝山のまちづくりの方向性、すなわち水路のある風景をひとつのアイデンティティにしていこうとする意志が込められていることを伝えたいと考えたわけです。最後のコンテンツは、関係性を表現することに重点をおいた平面図・断面図です。ここでは、先生が設計段階において着目している関係性について表現したいと考えました。これらのコンテンツで先生の風景デザインを説明しきれたわけではありませんが、新たな視点を提供することはできたのではないかと考えています。

個人の作品集をまとめる作業は、その人をより知ろうとする行為でもあると思います。その意味では、この編集作業は他の誰のためでもなく自分のために行う作業でもありました。先生に教えを受けるために社会人から再び学生に戻った私にとっては、あらためて先生を観察するまたとない機会であったわけです。なかなか根気のいる仕事ではありましたが、ようやく終わりをむかえた今、編集作業に関わることができてよかったと、心から素直にそう思います。

二井昭佳

幸せな時間

「篠原修ほどの人物は建築界にもそうはいないから、彼と過ごせる時間は幸せな時間なんだと思う」

私が篠原先生を詳しく知るようになったのは、内藤先生のそんな一言がきっかけだったように思います。それからしばらくして、たしか2004年の初春にこの本の編集作業がはじまった頃、私はまだ研究室に入ったばかりで、篠原先生の仕事に精通していたわけでもなく、数多くいた編集スタッフのなかで私に期待されていた役割は決して大きくはなかったでしょう。しかし、編集作業が進むにつれ、さまざまな事情からスタッフが減っていき、それに反比例して増える作業量の多さに思わず閉口することもありました。しかし、こうして篠原先生のつくり上げた数多くの風景を見ることで、そして図面の作成や資料の整理を通じて、私は私なりに篠原先生のことを理解するようになったと思います。

彼に会ったことのある人ならば誰もが感じるであろう、人当たりの良さや知性的な佇まいだけでなく、大きなプロジェクトを成功させるだけの強靭な精神力や粘り強さを、今回の作業のなかから感じ取ることができると考えるようになっていました。

例えば、この本で紹介している7つの例のそれぞれには全体の配置図を作成していて、それらは都市のなかの水辺の例であったり、山間の谷に架ける橋であったりとそれぞれです。一見するだけでは、いったいその配置図のなかのどの箇所を設計したのかわかりにくいかもしれません。作品集という体裁をとる以上、設計した箇所を際立たせることが自然なのかもしれませんが、篠原先生の仕事の本質のひとつは、決して公園をつくることや橋を設計するだけではなく、その結果として生じる風景を意識している点にあるのではないかと思います。

それは、一朝一夕では作り出すことのできない風景という、ある種の総体がどのようなプロセスで生み出されてゆくかの証しでもあったと思います。注意して見ないと設計した箇所が分かりにくいかもしれない配置図ですが、よく見てみるとそれが有るのと無いのでは大きな違いがあって、さらに、決して人に対して自分の苦労をひけらかすようなことをしない篠原先生の、しかし確かな格闘の跡をこれらのいたるところに見出すことができるでしょう。

この本に掲載されている一つひとつの作品は、どれひとつとして同じ背景や同じプログラムがあったわけではありません。そのスケールや完成に要した時間、プロジェクトへの関わり方など、どれもが固有の条件とそれに対する固有の解であることでしょう。しかし、私はその時々に内藤先生の言葉を思い出すのです。「彼と過ごせる時間は幸せな時間なんだ」と。一つひとつのプロジェクトに、きっと篠原先生の思い出や多くの出会いがあり、そしてその数だけ幸せな時間があったわけで、それらの一つひとつを図面に表現することはできないけれども、この本の図面や写真を見て、「幸せな時間」を新たに共有してもらえる人がひとりでも増えるなら、この本の編集は決して無駄ではなかったと思えるでしょう。

私は残念ながら篠原先生と一緒に仕事をしたことがないので、彼の仕事を一言で論じることはできないけれども、図面や写真、そしてこの本の編集を通じて、密かではありますが誰にも負けず篠原先生との幸せな時間を過ごせたと言い切ることができるのです。

2005年11月釜山へと向かう列車の中にて
川添善行

著者略歴

篠原 修 | SHINOHARA Osamu
東京大学教授

1945年栃木県生まれ、神奈川県育ち。68年東京大学工学部土木工学科卒業、71年同大学院修士課程修了。アーバンインダストリー、東京工業大学研究生、東京大学農学部助手、建設省土木研究所、東京大学農学部助教授、同工学部助教授を経て、91年より現職。工学博士。

おもな著作に、『土木景観計画』(技報堂)、『景観用語事典』(編共著、彰国社)、『土木造形家百年の仕事』(新潮社、土木学会出版文化賞)、『土木デザイン論』(東京大学出版会)、『都市の水辺をデザインする──グラウンドスケープ群団奮闘記』(編共著、彰国社)など。

おもなプロジェクト(設計指導・監修)に、松戸森の橋・広場の橋(千葉県、土木学会田中賞)、江戸川区辰巳新橋(東京都)、中央線東京駅付近高架橋(東京都、土木学会デザイン賞最優秀賞)、勝山橋(福井県)、朧大橋(福岡県、土木学会デザイン賞優秀賞、田中賞)、謙信公大橋(新潟県、土木学会田中賞)、津和野川護岸・広場(島根県、土木学会デザイン賞優秀賞)、浦安・境川(千葉県、土木学会デザイン賞優秀賞)、宿毛・河戸堰(高知県)、苫田ダム(岡山県)、桑名・住吉入江(三重県、土木学会デザイン賞優秀賞)、日南油津・堀川運河(宮崎県)など。

内藤 廣 | NAITO Hiroshi
建築家、東京大学教授

1950年横浜生まれ。74年早稲田大学理工学部建築学科卒業、76年同大学院修士課程修了。フェルナンド・イゲーラス建築設計事務所(マドリッド)、菊竹清訓建築設計事務所を経て、81年内藤廣建築設計事務所設立。2001年東京大学大学院工学系研究科社会基盤学助教授、02年より現職。

おもな作品に、海の博物館(芸術選奨文部大臣新人賞、日本建築学会賞、吉田五十八賞)、安曇野ちひろ美術館、牧野富太郎記念館(村野藤吾賞、IAA国際トリエンナーレグランプリ、毎日芸術賞)、島根県芸術文化センターなど。

おもな著作に、『建築のはじまりに向かって』『建築的思考のゆくえ』(王国社)、『建築の終わり』(共著、TOTO出版)、『グラウンドスケープ宣言』(共著、丸善)など。

中井 祐 | NAKAI Yu
東京大学助教授

1968年愛知県生まれ。91年東京大学工学部土木工学科卒業、93年同大学院修士課程修了。アプル総合計画事務所、東京工業大学大学院社会理工学研究科助手、東京大学大学院工学系研究科助手、同講師を経て、04年より現職。工学博士。専門は公共空間のデザイン、景観論、近代土木デザイン史。

おもな著作に、『グラウンドスケープ宣言』(共著、丸善)、『近代日本の橋梁デザイン思想』(東京大学出版会)など。

おもなプロジェクトに、岸公園(島根県、土木学会デザイン賞最優秀賞)、宿毛・河戸堰(高知県)、松田川河川公園(高知県)、長者ヶ崎の住宅(神奈川県)、加賀市片山津地区街路及びまちなか広場(石川県)など。

福井 恒明 | FUKUI Tsuneaki
国土技術政策総合研究所研究官

1970年東京生まれ。93年東京大学工学部土木工学科卒業、95年同大学院修士課程修了。清水建設株式会社を経て、2000年東京大学大学院工学系研究科助手、05年同講師を経て現職。工学博士。専門は都市景観。

おもな著作に、『都市の水辺をデザインする』(共著、彰国社)、『景観用語事典』(共著、彰国社)など。

おもなプロジェクトに、三重県鳥羽市のまちづくり、長崎県厳原町のまちづくり、蟹沢トンネル坑口周辺デザインなど。

河合 隆當 | KAWAI Takamasa
写真家

1947年愛知県生まれ。71年中京法律専門学校卒業。写真製版会社を経て写真家に転向。大手旅行代理店のパンフレット、ポスターなどの風景を日本各地に撮り歩く。写真家として愛知県広報課主催の写真コンテスト審査員などを務める。2000年中日文化センター写真教室講師。日本の風景、風土と対峙して四季折々の自然との一期一会を大切にし、郷土の中部地方を中心に広く国内外の撮影を続ける。

おもな著作に、『美しい日本』(全24巻に参加、世界文化社)、『ふるさと日本列島』(全8巻に参加、毎日新聞社)、『国土賛歌──折々の彩り』(共著、日本土木工業協会)、『日本の水景──持続する僕の風景』(篠原修らと共著、鹿島出版会)など。03年より、銀行会員誌にて「日本の色」を連載中。

■写真
河合隆當　cover, pp.017〜107（特記以外）

バウハウス ネオ 後関勝也　p.120
平野暉雄　p.116
三沢博昭　p.113

植村一盛　p.066-1, 3
岡田一天　p.043-1, 3
小野寺康都市設計事務所　pp.082, 139-3, 140-6
オリエンタルコンサルタンツ（提供）p.138-3
今度充之　p.066-2
崎谷浩一郎　p.102-1
清水建設　p.028-2
篠原 修　pp.043, 068, 070, 130（蔵）, 131（蔵）, 133, 136, 137,
　　　　　138-4, 5, 139-1, 4, 5, 140-1〜5, 141-1〜3, 142-2
東京大学大学院工学系研究科社会基盤学専攻（蔵）p.132
内藤 廣　p.010
内藤廣建築設計事務所　pp.015, 117
中井 祐　pp.102-2, 3, 114, 141-4
二井昭佳　pp.069, 109〜111, 115, 118, 119, 145
福井恒明　pp.138-3, 139-2, 140-4, 142-1, 3

■装丁・デザイン
吉田カツヨ
仲田延子, 一栁知里

■図面作成
東京大学景観研究室
二井昭佳　pp.062-063, 076, 078-079, 089
川添善行　pp.020, 023, 097, 100
長田喜晃　折り込みi
西村亮彦　折り込みi
前田 和　折り込みi, pp.046-047
西山健一　p.025
崔 静妍　pp.032-033
木本泰二郎　pp.032-033, 036-037
崎谷浩一郎　pp.050-051
香川周平　pp.058-059
安仁屋宗太　折り込みii
真角広樹　pp.074-075
Marieluise JONAS　pp.074-075
窪島智樹　pp.086-087
福島秀哉　p.088
田中 毅　pp.094-095
なお、つぎの空中写真は、国土地理院長の承認を得て、
同院撮影の空中写真を複製したものである。
（承認番号　平17総複、第810号）
pp.032-033, pp.046-047, pp.058-059, pp.074-075,
pp.086-087, pp.094-095

GROUNDSCAPE（グラウンドスケープ）
篠原修の風景デザイン

発行………………2006年3月25日©
編著者……………東京大学景観研究室
発行者……………鹿島光一
発行所……………鹿島出版会
　　　　　　　　100-6006 東京都千代田区霞が関3-2-5 霞が関ビル6階
　　　　　　　　電話 03-5510-5400
　　　　　　　　振替 00160-2-180883

方法の如何を問わず無断転載・複写を禁じます。
乱丁・落丁はお取り替えします。

ISBN 4-306-07251-7 C3052
Printed in Japan
印刷………………三美印刷
製本………………牧製本

本書の内容に関するご意見・ご感想は下記までお寄せください。
URL：http://www.kajima-publishing.co.jp
e-mail：info@kajima-publishing.co.jp